中国床

天喜珍藏百床鉴赏

濮安国　编著

浙江摄影出版社
全国百佳图书出版单位

前言 /010

一、百床的品种和类别 /012

（一）四柱架子床类 /013

（二）六柱架子床类 /040

目录

四、百床的装饰图案艺术 /162

前言

二十一世纪以来，全国各地涌现出许多热爱民族艺术的企业家，他们以真诚质朴的情怀和别具匠心的慧眼投资文化产业，将许多长期散落在民间的文物珍藏起来，有的还建立收藏馆，使它们获得了继续流传下去的良好条件，让我们今天仍能在这一件件饱经沧桑的古物面前，不断深入地了解、研究、吸收中华民族几千年积淀下来的优秀传统文化，感受它们饱含的艺术魅力。许多收藏品与我国古代的优秀艺术品一样，永远是光彩灿烂的瑰宝。

浙东企业家、天喜集团公司董事长吕天喜，收藏明清时期的古床 123 件，其中不乏珍品，富有很高的文化和艺术价值。我受他和他朋友的真诚邀请，为这些不可再造的古床作鉴赏、写些文字、选制拍摄图片、编辑出版，深感这是探索和研究我国民间家具的又一个契机。

在以往对我国古典家具的研究中，虽也常常注意这类专业性较强的课题，进行过相关调研，积累了资料，发表过有关的文章，但当集中在一个特殊的家具门类上，仍需要提出一些新的东西。因此，当我面对这批出自民间的原汁原味的朱漆金彩木雕花床时，确实也会不由自主地发出“未临沧海难言水”的感慨，并且再一次深刻地感受到，这些古床在中国古代家具史乃至中国古代艺术宝库中，都是应该去大书特书的一份传统文化艺术遗产。现虽时年已高，但我仍乐此而不疲，一次又一次地往返江浙两地，和大家一起共同进行探索和研究。我期望在此基础上取得更多的成果，继往开来，让古人创造的这份文化财富焕发出永恒的光芒。

明清以来，在江苏、浙江、福建等地区的乡村和小镇广泛流传的朱漆金彩木雕架子床，产品极为丰富，品种多样，特色鲜明，风格高古。我们不难发现，它们虽然只是一件件供给人们睡眠和休息使用的日常家具，但完整呈现了那个时代人们取木造物的印记或历史过程，十分生动地反映了那时木工、雕刻、髹漆、金彩、描绘等工匠们卓越的技艺水平，并恰恰犹似富有悠久文化传统的我国古代木构建筑，这些古床无论是在造型的功能和设计、形体的部件和结构，还是在装饰法则和审美取向，以及作为精神、艺术的物化载体等方面，同样都实现了科学与技能的高度统一，创造了“造物艺术”史上又一个独具民族式样的典范，是一份永久载入人类艺术史册的物质文化遗产。在我国古代家具中，它们以独特的艺术形象，成了又一别具特色的民族品牌。

天喜珍藏的百床中，豪华高端的重檐拔步床，竟有十余张，都是极其宝贵的研究资料。其床檐有二重或三重，甚至五重、六重的，均是以精巧的结构部件、精湛的匠作技艺，打造了皇家贵族也未必能如此去设计制作的一件件既精美又豪华的花床。这一重又一重的床檐，采用雀替、垂柱、檐板、匾额、挂落、门窗、门罩等各种特定的构件，应用木雕和漆艺等各类技艺手法，将花床装饰得犹如古代建筑的垂花门楼或豪门楼阁那样，富丽堂皇，繁花似锦，营造出一派喜气洋溢的梦幻世界般的奇妙景象。它们不仅成为一个个家庭幸福美满的动人写照，还成了整个世族兴旺发达的一种美好象征。至今，它们更是一部活生生地展现着我们伟大民族几千年来历史文明和民俗风情的文化长卷。

天喜百床藏品中，有各式各样的四柱架子床和六柱架子床，形制有八字窗、圆洞门、踏板式等，品类有婚床、小姐床、和合床、书房读书小床等。这些架子床几乎每件在顶上都安装飞檐，或作金龙祥云、凤凰牡丹，或设狮子滚球、金蟾撒钱等镂空雕刻装饰花纹，有的还在中央设置亭台阁楼、龙门凤阙或狮子亭。床门的门楣、门窗、门罩、挂落等不同构造部位，处处精雕细刻，借以颂扬人生的幸福和美满。

这些古代朱漆金彩木雕架子床，是继宋元建筑小木作工艺之后，创造性地把中国传统的木构技艺在一个新的领域中进一步发扬光大而取得的又一丰硕成果，是能与我国明清硬木家具的发展成就相提并论的“中国床”的杰出代表。它们以卓越的艺术造诣，在我国古代家具史上，建起了一座独具民族风格的艺术大厦。

总而言之，这些古床给人们提供了一份相当完备的实物档案，让我们清楚地看到了中国家具史册上谱写着的社会、时代、人文和礼仪，无论是从道德、哲学、思想，还是民俗、婚俗、信仰、情义等各个方面，都有着无比丰富的内容和深邃的知识，彰显着伟大中华民族传统精神的丰富内涵。随着历史的前进，这一件件珍贵的朱漆金彩木雕架子床，将会呈现出越来越多的意义和价值，在悠久的中华文明的文化宝库中，绽放出我国民族民间艺术无比瑰丽的灿烂光辉。

濮安国 二〇二三年秋写于姑苏三元书斋

一、百床的品种和类别

中国明清时期，供人们日常睡眠或休息的床，在家庭环境中已逐渐构成了一个独立的空间，在家庭生活中占有十分重要的位置。尤其在江南地区，民间出现了朱金木雕架子床、拔步床等高档的家具。床，除了作为一种日常生活必须的用具之外，也是一个家庭财富的重要象征。同时，其功能性越来越作为满足人们精神生活的一种需要和体现。随着社会生活对造物价值观的进一步升华，家庭空间似乎成了可以表达人生的情怀、期盼的理想场所，更是审美意趣得到一定体现的现实世界。

古时，人的生老病死都离不开床这个特定的空间和物质形态。故清人李渔说过一段很有意思的话："人生百年，所历之时，日居其半，夜居其半。日间所处之地，或堂或庑，或舟或车，总无一定之在，而夜间所处，则止有一床。是床也者，乃我半生相共之物，较之结发糟糠，犹分先后者也，人之待物，其最厚者当莫过此。"故明清时期的床，从内容到形式都出现了不同的变化，人们希望床是一个特殊的生活场所，可以成为一个随心随意自由活动的独立"小天地"。尤其是江南地区，在农业、商业、手工业日趋高度发达的基础上，生活富余的人家打造的床，常常会有特别的筹划和精心的建构。于是，对这天天离也不去的床，从形体的使用功能到装饰的目的意义，及其各种形象的整体效果上，都会格外地加以注重和讲究。在主人和匠师们的着意追求中，创造出了各式各样的床的品种和类型。明清两代，成为我国古代家具史上前所未有的黄金时期。

明刊《鲁班经匠家镜》对当时制作的架子床和拔步床的用料和规格，已有记述和图式，不过书中常称之为“凉床”“藤床”及“大床”。明清的许多绘画资料也常有这些床的图像，但都不可能如流传下来的实物那样，似亲临其境地那么真实、清晰。今天，从百床藏品中，我们可以面对过去、面对历史，清楚地从这些物质形态中看到那时人们的精神生活和心灵世界。

首先，让我们把朱金木雕架子床分作四大类别：四柱架子床、六柱架子床、八字门窗式架子床及拔步床。在各类别的架子床中，分别选取若干典型实例加以赏析，以补文字、文献记载的不足和图像的缺失，同时借以窥探其历史生态的真正内容、文化内涵和艺术价值。

（一）四柱架子床类

朱金木雕四柱架子床，是在床体四角设置四根立柱，上端用条杆纵横搭建一个床顶，在床的左右和后面的立柱间安装栏杆、栏板或围屏、门窗等构造的一种架子床，是中国床的一种最基本的形制。

床前面的两根立柱，主要用来安装床面。床面是营造架子床的主要部件之一，也是朱金木雕架子床精心设计和立意打造最突出的部分。由于床面的构件和装饰的差异，同一类型的四柱架子床还形成了各种不同的架体式样。加上运用各种工艺和不同的造法，故在形式特征和艺术形象上，四柱架子床的产品十分丰富，多姿多彩。在百床馆的藏品中最多的也是四柱架子床。

1. 朱漆贴金木雕重檐“庆衍螽斯”四柱架子床（图 1）

这是一件有代表性的四柱架子床珍品，保持着中国漆饰家具民众喜闻乐见的鲜红朱漆色调，以立雕、透雕、平地浮雕、镂花、金彩等工艺手法，生动地刻画了一幅幅情趣盎然的民间婚情故事，画面生动，人物传神，动物和花鸟成双结对，均结伴栖息相随，栩栩如生。（图 2—4）床顶飞檐上雕刻的双龙和狮子生机盎然。正中突出“庆衍螽斯”的金字匾额，以民族传统文化的经典方式，集中地表达了美好吉祥的造物主题。挂檐和门罩的设计，特别富有小木作工艺独特的艺术美。垂柱的排列，雀替的建构，都具有鲜明的装饰效果和类型的代表性。这件架子床，是十分完美地运用传统木作的工艺传统，依照我国古代木架建筑的原理和规则来打造的，床的整体造型形象，在明清家具中绽放出了崭新而典型的时代光辉。

图 1 朱漆贴金木雕重檐“庆衍螽斯”四柱架子床（长 272 厘米，宽 200 厘米，高 265 厘米）

图 2 朱漆贴金木雕重檐“庆衍螽斯”四柱架子床落地罩框景人物图案之一

图 3 朱漆贴金木雕重檐“庆衍螽斯”四柱架子床落地罩框景人物图案之二

图 4 朱漆贴金木雕重檐“庆衍螽斯”四柱架子床挂檐中央双鹿双鸟图案

2. 朱漆贴金木雕重檐“熊梦呈祥”四柱架子床（图 5）

这件四柱架子床，朱漆金彩典雅亮丽，重檐和床前两立柱间门罩的形象设计皆淋漓尽致，空灵精巧。飞檐上两两回首相盼的金凤神采飞扬，“太狮”“少狮”嬉戏灵动；中央镜内一幅相恋相依的鸳鸯戏荷，（图 6）挂檐中间雕刻的和合二仙，以及精雕细刻的金彩神童仙女和喜气洋洋的“熊梦呈祥”朱色红匾，（图 7）皆相互呼应、和谐协律。这些形象以及门罩装饰的双双相依的金色塘鱼，（图 8—9）都一一充分地表达了男女主人共同的心愿，处处传递着欢乐喜庆、幸福吉祥和情浓意深的美好寓意。

这是一张浙东地区为女儿出嫁而精心打造的婚床，不仅充分地展现出了人生无比美满幸福的景象，而且以完美精致的木作工艺将婚床打造成了一件主题鲜明突出并富有创意的珍贵艺术品。

图 5　朱漆贴金木雕重檐“熊梦呈祥”四柱架子床（长 238 厘米，宽 186 厘米，高 258 厘米）

图 6　朱漆贴金木雕重檐“熊梦呈祥”四柱架子床飞檐中央的双凤牡丹、鸳鸯戏荷、狮子纹

图 7　朱漆贴金木雕重檐“熊梦呈祥”四柱架子床挂檐与匾额装饰

图 8　朱漆贴金木雕重檐“熊梦呈祥”四柱架子床门罩装饰荷塘双鱼纹之一

图 9　朱漆贴金木雕重檐“熊梦呈祥”四柱架子床门罩装饰荷塘双鱼纹之二

3. 朱金木雕龙门飞檐垂柱式四柱架子床（图 10）

架子床的檐顶上“龙门”矗立，左右双龙戏珠和“太狮”“少狮”相应构成对称式图案的飞檐，疏密有致，形象鲜明。垂柱与窄条花板连成一条带式的檐边内，在床柱间由长短不等的条杆兜料，接合构成民间俗称“扯不断”的几何形落地罩，这种采用小木作卯榫工艺精心打造而成的门罩，通透而明快，特色鲜明。在变化多样的界格内，还装嵌着开光木雕人物图案，内容有五子夺魁、儿童习艺、育儿成才、梅花鹿和狮子戏球等，门罩左右框边上还立着一对形象威武的小门神，精神抖擞，姿态生动。（图 11—13）从架子床的形体构造和简明的装饰手法中，都不难看到其蕴含的尚武精神和主人的生活情趣。

图 10　朱金木雕龙门飞檐垂柱式四柱架子床（长 135 厘米，宽 168 厘米，高 243 厘米）

图 11　朱金木雕龙门飞檐垂柱式四柱架子床门罩木雕“五子夺魁”纹饰

图 12　朱金木雕龙门飞檐垂柱式四柱架子床门罩平地实雕练武图案之一

图 13　朱金木雕龙门飞檐垂柱式四柱架子床门罩平地实雕练武图案之二

4. 朱金木雕飞檐“百子富贵”圆洞门罩式四柱架子床（图 14）

该架子床构造简明，红色大漆随着岁月的消逝已渐渐地褪去，但留下的是对儿孙子女们的无限期盼和永久祝福。“百子富贵”的金色字匾下，雕刻着精细、朴素的耕读生活传统故事，反映了江南民间农家生活的美好情境。（图 15）架子床圆洞门式的落地罩与一般样式不同，两幅“圆景”的自然山水景象，隽美秀丽，都传递着主人别样的生活情调和美好的理想。

图 14　朱金木雕飞檐“百子富贵”圆洞门罩式四柱架子床（长 248 厘米，宽 166 厘米，高 238 厘米）

图 15　朱金木雕飞檐“百子富贵”圆洞门罩式四柱架子床门罩透雕人物故事图案

5. 朱金木雕“龙亭庆宴”圆洞门罩式围屏四柱架子床（图 16）

架子床以叠加双层飞檐的形式，意气昂扬，使形体展现出一派新的气象。上层突出刻画的是“鱼化成龙”的寓意图案，中间龙门高楼、夫妇尤嘉的图案纹样，应是功成名就后家庭幸福、生活美满的寓意和象征；刘海撒钱戏金蟾、云间蝙蝠双双飞，又是一派贵气盎然的情景。下层刻画宫中宾客满座，玩乐、喜庆、恭贺的热烈场面，都是架子床飞檐别具匠心设计所取得的独特效果。（图 17—19）

床身装置有一周画屏。屏前有一条平台，可供摆放书籍用品和杂件之类的东西。故在这类朱金木雕的架子床中，功能上常会有不同的构造和部件装饰，从而反映丰富的生活内容。明末清初戏曲大家李渔曾说，文人学士，更是独对一床书，朝夕不离房。此床的装饰，纷繁斑斓，气息诱人，将人生的寄寓、精神和信仰都作为一种期望。只惜床内屏画日久已模糊不清，但画迹大致还可见出，或许是古代名人官邸的活动情景。

图 16　朱金木雕“龙亭庆宴”圆洞门罩式围屏四柱架子床（长 239 厘米，宽 219 厘米，高 249 厘米）

图 17　朱金木雕“龙亭庆宴”圆洞门罩式围屏四柱架子床飞檐顶层构造与装饰

图 18　朱金木雕“龙亭庆宴”圆洞门罩式围屏四柱架子床飞檐上透雕的狮子戏球纹饰

图 19　朱金木雕“龙亭庆宴”圆洞门罩式围屏四柱架子床飞檐上透雕的蝙蝠纹饰

6. 朱金木雕"牡丹亭"飞檐门罩式四柱架子床（图 20）

这是一张朱漆统调，红红火火，并以福、禄、寿"三星"匾额为中心的落地门罩式四柱架子床。两组精美的木雕画面，内容丰富，精工细作，端庄大方，突出地刻画了架子床装饰主题的故事情节；栩栩如生的人物形象，更是充分地展示了民间匠师优秀卓越的技艺水平。（图 21—23）在飞檐中央设立的"牡丹亭"，也独具匠心，别出新意，成了"喜"床画龙点睛的一处象征。

图 20　朱金木雕"牡丹亭"飞檐门罩式四柱架子床（长 235 厘米，宽 180 厘米，高 133 厘米）

图 21　朱金木雕"牡丹亭"飞檐门罩式四柱架子床落地门罩罩匾"三星童子"装饰图案

图 22　朱金木雕"牡丹亭"飞檐门罩式四柱架子床落地门罩圆景人物装饰图案之一

图 23　朱金木雕"牡丹亭"飞檐门罩式四柱架子床落地门罩圆景人物装饰图案之二

7. 朱金木雕“麒麟送子”落地门罩四柱架子床（图 24）

这件架子床上部，垂柱飞檐下安装横额，下设置门罩，利用横额的装置，可增加醒目的装饰画面。床的横额上，采用鲜明的朱漆金彩木雕工艺，刻画了一组以百寿图为中心内容的人物故事图案。（图 25）透空雕刻的落地门罩上，青松、春梅疏密有致，左右均衡，喜鹊、仙鹤、麒麟、梅花鹿相互对应，都充满着一派祥瑞的气象，使架子床寓意更加广泛，充分体现出一种长长久久、生气蓬勃、吉庆祥和的气氛，给人们生活的意韵带来了无限的生机。（图 26—27）这件四柱架子床，是一件形体构造和装饰意趣皆别具特色的艺术精品。

图 24　朱金木雕“麒麟送子”落地门罩四柱架子床（长 239 厘米，宽 146 厘米，高 232 厘米）

图 25　朱金木雕“麒麟送子”落地门罩四柱架子床横额“祝寿”人物图案

图 26　朱金木雕“麒麟送子”落地门罩四柱架子床门罩透雕祥瑞图案之一

图 27　朱金木雕“麒麟送子”落地门罩四柱架子床门罩透雕祥瑞图案之二

8. 朱金木雕挂檐“天作之合”匾额四柱架子床（图 28）

这同样是一件通过横额部件的装饰来突出主题画面的四柱架子床。故事情节充满着男情女爱等内容，并展示了儿童戏乐的各种活动场面，这些都是江南民间婚俗礼仪文化传统的一种表达形式。由“扯不断”的几何纹样构成门罩，正中间挂上一块金光灿烂的题着“天作之合”四字的匾额（图 29），左右两旁为“金童玉女”，上有鸾凤牡丹，下有福运连连，加上额匾“冰寒竹梅”鲜红色的底纹，比喻爱情纯洁和生活幸福的天长地久。（图 30—31）就连架子床门前一条长板条矮凳，也有“一步登上”的隐喻和寓意。

图 28　朱金木雕挂檐“天作之合”匾额四柱架子床（长 245 厘米，宽 169 厘米，高 231 厘米）

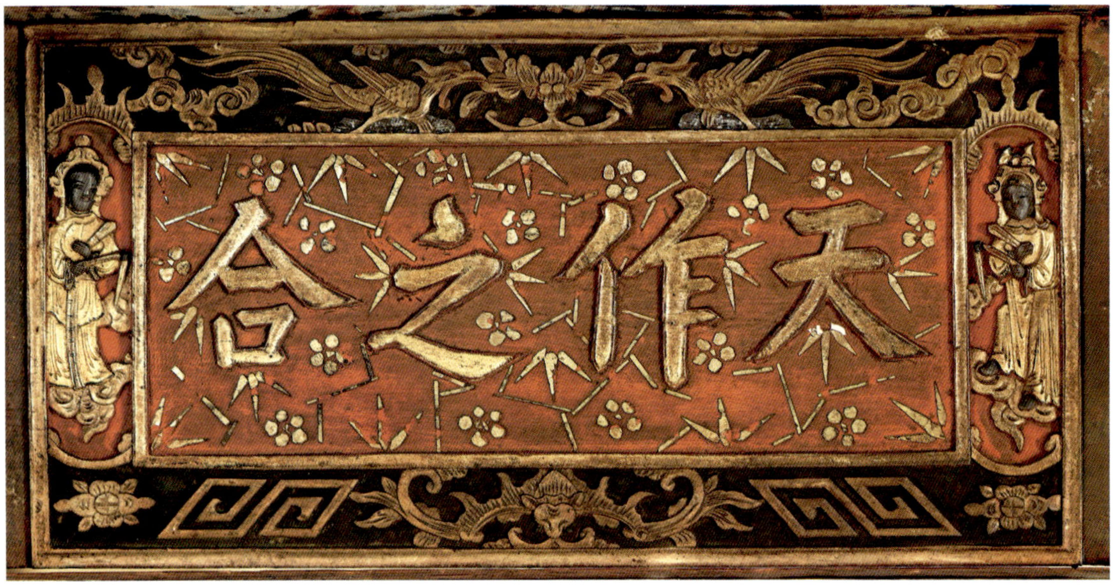

图 29 朱金木雕挂檐“天作之合”匾额四柱架子床额匾图案

图 30 朱金木雕挂檐“天作之合”匾额四柱架子床额楣金彩人物装饰图案之一

图 31 朱金木雕挂檐“天作之合”匾额四柱架子床额楣金彩人物装饰图案之二

9. 朱金木雕垂柱三檐“玉燕投怀”匾额门窗式四柱架子床（图 32）

床面采用门窗式造法的架子床，床体都是参照传统木构建筑长窗的形制式样来设计和制造的，造型大多显得端庄、稳健。此床是一件典型的范例，整体结构严正，三重挂檐错落有序。以门额正中红底金字“玉燕投怀”额匾为中心，（图 33）左右上下的垂柱、檐边、门额和门窗花板的装饰皆十分富丽堂皇，其内容更是题材多样，有天上人间、人仙典故、生活世事，有鸟禽、瑞兽、珍花、奇草，营造出一派喜乐吉祥、福寿如意的意境。（图 34—36）尤其是挂檐的设计、构件、木雕、朱漆、金彩等都细致精到，协调统一，彰显着江南民俗花床独特的审美效果和特定的艺术价值。

图 32　朱金木雕垂柱三檐“玉燕投怀”匾额门窗式四柱架子床（长 258 厘米，宽 185 厘米，高 249 厘米）

图 33　朱金木雕垂柱三檐“玉燕投怀”匾额门窗式四柱架子床额匾图案

图 34　朱金木雕垂柱三檐“玉燕投怀”匾额门窗式四柱架子床额楣金彩装饰图案之一

图 35　朱金木雕垂柱三檐“玉燕投怀”匾额门窗式四柱架子床额楣金彩装饰图案之二

图 36　朱金木雕垂柱三檐“玉燕投怀”匾额门窗式四柱架子床挂檐构造与部件装饰

10. 朱金木雕飞檐垂柱“幸福亭”门窗式四柱架子床（图 37）

这是一件构造清晰、明快且十分完美的门窗式的四柱架子床，从床架、床身到床体都以单纯的朱漆红色，给人们传达了一种喜庆欢乐的气氛。木雕人物内容系“育子”主题，飞檐中央的“幸福亭”（云、蝙蝠）和床体束腰的“富贵常在”（牡丹、长石），都是民间常见的吉祥寓意纹样，但表现手法和图像的构造各有不同。（图 38—41）这里几幅精彩的装饰图案，都是民间匠师们运用手工技艺创作的具有一定代表性的优秀作品。

图 37 朱金木雕飞檐垂柱“幸福亭”门窗式四柱架子床（长 245 厘米，宽 165 厘米，高 226 厘米）

图 38　朱金木雕飞檐垂柱“幸福亭”门窗式四柱架子床飞檐透雕幸福亭图案

图 39　朱金木雕飞檐垂柱“幸福亭”门窗式四柱架子床床体束腰花板浅雕富贵牡丹纹样之一

图 40　朱金木雕飞檐垂柱“幸福亭”门窗式四柱架子床床体束腰花板浅雕富贵牡丹纹样之二

图 41　朱金木雕飞檐垂柱“幸福亭”门窗式四柱架子床床体束腰花板浅雕富贵牡丹纹样之三

11. 朱金木雕九狮飞檐“鸾凤和鸣”四柱架子床（图 42）

朱金木雕四柱架子床的挂檐下安装门楣，在两边立床窗后，又在两窗之间装上一个精细小巧的挂落。这样的形制构造，一方面对架子床的形体起到了稳固的作用，另一方面对床体门面的整体装饰增添了一种不同的形式效果。这件“鸾凤和鸣”四柱架子床，飞檐中雕刻的“九狮”形象，以及位于中央的“狮子亭”，（图 43）立意新颖，生动妙趣；垂柱、挂落、门楣和两窗上面塑造的“金彩”人物，（图 44—45）个个俏丽夺目，多姿多彩。这些装饰，都以精到的工艺和独到的匠心设计，为民间喜庆吉祥的婚床赋予了一种大富大贵的气象，同时，使一件实用家具达到了艺术的高度，增加了审美价值。

图 42 朱金木雕九狮飞檐“鸾凤和鸣”四柱架子床（长 239 厘米，宽 180 厘米，高 242 厘米）

图 43　朱金木雕九狮飞檐“鸾凤和鸣”四柱架子床飞檐顶“狮子亭”和挂檐额匾构造装饰

图 44　朱金木雕九狮飞檐“鸾凤和鸣”四柱架子床檐撑透雕人物图案之一

图 45　朱金木雕九狮飞檐“鸾凤和鸣”四柱架子床檐撑透雕人物图案之二

12. 朱金木雕飞檐“双凤喜寿”四柱架子床（图 46）

这件四柱架子床与以上几例形制大体相同，在朱漆金彩的色调下，融合了同一时代的民俗风情。但由于部件的形式、尺度变化，飞檐、横楣装饰题材的不同，故事内容或情节主题的不一样，故常常会给人们带来不同的人文意味，使其得到丰富多样的审美感受。朱金木雕飞檐“双凤喜寿”四柱架子床正中的图案，（图 47）在精微细密二方连缀形式的檐边衬托下，以独特的装饰手法表现得亲和自然，圆润致韵，特别富有一种清澈明媚的形式美感。加上以“一根藤”寓意的挂落中嵌接两只蝙蝠结子，（图 48）进一步表达了民间对福寿生活的期盼和向往。

图 46 朱金木雕飞檐“双凤喜寿”四柱架子床（长 236 厘米，宽 155 厘米，高 243 厘米）

图 47 朱金木雕飞檐“双凤喜寿”四柱架子床飞檐和门楣装饰

图 48 朱金木雕飞檐“双凤喜寿”四柱架子床挂落装饰图案

13. 朱金木雕“鸾凤双栖”红匾嵌饰琉璃珠门窗四柱架子床（图 49）

这件镶嵌蓝色琉璃宝珠的四柱架子床，床身以素面围板的形制，门窗采用长条式的透空漏窗手法，使架子床的形体显得格外清丽、典雅；（图 50—51）以朱漆金彩精心布局后产生的色调节奏，和谐而恢宏，（图 52—53）让人们更深深地感受到它富有一种与众不同的高品位和格调，故显得气宇轩昂，品质不凡。这些在古代已是十分高级的工艺美术作品，足以让当今的设计师们得到很多的启迪，也成为继承发扬我国优秀传统工艺文化的又一部教科书。

图 50　朱金木雕“鸾凤双栖”红匾嵌饰琉璃珠门窗四柱架子床门窗嵌珠窗棂纹饰之一

图 51　朱金木雕“鸾凤双栖”红匾嵌饰琉璃珠门窗四柱架子床门窗嵌珠窗棂纹饰之二

图 52　朱金木雕“鸾凤双栖”红匾嵌饰琉璃珠门窗四柱架子床门楣花板果虫纹之一

图 53　朱金木雕“鸾凤双栖”红匾嵌饰琉璃珠门窗四柱架子床门楣花板果虫纹之二

图 49　朱金木雕“鸾凤双栖”红匾嵌饰琉璃珠门窗四柱架子床（长 238 厘米，宽 165 厘米，高 242 厘米）

14. 朱金木雕重檐雀替“鸾凤和鸣”额匾四柱架子床（图 54）

这是四柱架子床中运用雀替进行床架艺术造型，突出挂檐构造，独具精美华丽特色的一件经典之作。床顶飞檐金彩龙凤波动起伏，有着不同一般的节律和动感，使金碧辉煌的形体造型展现出了江南民间“朱漆金彩”架子床独特的艺术风彩和形象。（图 55）床体各个部件上，装饰题材广泛，纹饰表现丰富多样，有遇仙释道、刘海戏钱、人生情长、育子成才、儿童戏乐、状元回乡等，（图 56—59）其中还有琴、棋、书、画，四季长春等内容，这些均是对挂檐正中“鸾凤和鸣”“麟趾呈祥”额匾和飞檐中央“蓝田种玉”含意赋予的生动贴切的形象注释。可见，此婚床应出自一家崇尚传统礼仪和民族文化的书香门第。

图 54　朱金木雕重檐雀替“鸾凤和鸣”额匾四柱架子床（长 252 厘米，宽 206 厘米，高 259 厘米）

图 55 朱金木雕重檐雀替“鸾凤和鸣”额匾四柱架子床重檐构造与部件朱漆金彩装饰

图 56 朱金木雕重檐雀替“鸾凤和鸣”额匾四柱架子床门窗窗棂情缘人物故事纹之一

图 57 朱金木雕重檐雀替“鸾凤和鸣”额匾四柱架子床门窗窗棂情缘人物故事纹之二

图 58 朱金木雕重檐雀替“鸾凤和鸣”额匾四柱架子床门窗花板人物故事图案之一

图 59 朱金木雕重檐雀替“鸾凤和鸣”额匾四柱架子床门窗花板人物故事图案之二

15. 朱金木雕重檐垂柱式嵌螺钿四柱架子床（图 60）

这件富丽堂皇的朱金木雕四柱架子床经典作品，檐下横额以精湛的技艺刻画了一组金彩明亮的戏曲人物的情缘故事，画面生动，形象传神。（图 61—63）以强烈的艺术感染力，赢得了人们的高度评价。飞檐垂柱间的装饰人物，又以不同于一般架子床的雕刻工艺与绘画手法，在变化中进一步表现出了卓越的工艺装饰效果，加强和丰富了床面整体的形象表现力。

床身采用围屏造法，每扇屏风彩绘的内容均取材于传统古典戏文，以仿古画的手法，内外呼应，显得格外古朴典雅。床内还设有一长台装置，可摆放书籍等物件。架子床在朱砂红与红漆色度的变化中，色调和谐统一，加上飞檐、床额，床窗花板上明亮的嵌螺钿、钿屑和色漆点缀，又使四柱架子床显得格外光鲜辉映、富丽华贵。

图 60　朱金木雕重檐垂柱式嵌螺钿四柱架子床（长 248 厘米，宽 216 厘米，高 221 厘米）

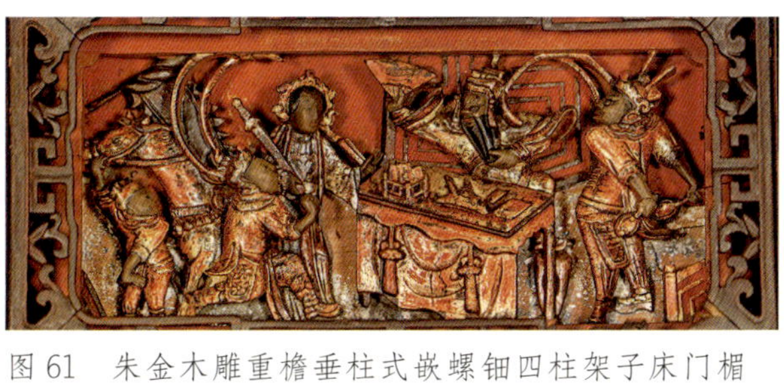

图 61　朱金木雕重檐垂柱式嵌螺钿四柱架子床门楣花板戏曲人物故事纹饰图案

图 62　朱金木雕重檐垂柱式嵌螺钿四柱架子床门楣花板嵌螺钿花边戏曲人物故事纹饰之一

图 63　朱金木雕重檐垂柱式嵌螺钿四柱架子床门楣花板嵌螺钿花边戏曲人物故事纹饰之二

16. 朱金木雕飞檐“八仙”檐撑围屏式踏板四柱架子床（图 64）

这件设置门窗的四柱架子床，突出以福与喜、富与贵为主题的装饰意匠，飞檐上一只倒立的巨型“蝙蝠”，垂柱下檐撑立雕的金彩“八仙”，横额上的人物故事，（图 65—66）画屏中的仕女博古条幅，（图 67）以及下面床座旁板上的“必锭、如意、和合”图案等，都寄托着期待富贵喜乐、福寿人生和美好生活的寓意和理想。床前一张长条形的踏板凳的设置，不仅具有实用的功能，更为架子床增添了整体造型的平稳安定感，形式更加隽永丰富。条屏中画面内容的信息，也使我们今天感受到了在不同历史时期的一种社会气象。

图 64　朱金木雕飞檐“八仙”檐撑围屏式踏板四柱架子床（长 230 厘米，宽 180 厘米，高 148 厘米）

图 65 朱金木雕飞檐“八仙”檐撑围屏式踏板四柱架子床檐撑构造与门楣装饰之一

图 66 朱金木雕飞檐“八仙”檐撑围屏式踏板四柱架子床檐撑构造与门楣装饰之二

图 67 朱金木雕飞檐“八仙”檐撑围屏式踏板四柱架子床围窗装饰

17. 朱金木雕飞檐垂柱门窗式四柱架子床（图 68）

这件以呈现朱金木雕精湛工艺为特色，并应用嵌螺钿装饰点缀，（图 69）又设置安装了围屏和摆放物件的长台的古时婚床，也是四柱架子床中具有代表性的作品之一。架子床装饰题材以表现皇恩、英雄、华贵为主题，清晰的故事背景无疑是为了衬托主人公的显赫地位。画屏的画面因年久而模糊不清，但在箱座立面中描绘的官场画面，同样非常生动地展示了这一主题。（图 70—71）

架子床的整体造型华贵庄重，却又不失为人生居家生活的现实和环境，依旧让人享有一种特别的安静和隐秘感，成为古人情感生活中一处闲舒宁息的场所，这无疑让人们再一次看到了古时匠师们造物的设计智慧。另外，从其中两幅描绘“山水”风景和“问道”的画面，可以清晰地说明在江南民间世代崇尚自然和传统的生活观念。

图 68　朱金木雕飞檐垂柱门窗式四柱架子床（长 235 厘米，宽 220 厘米，高 238 厘米）

图 69 朱金木雕飞檐垂柱门窗式四柱架子床门楣花板钿眉山水纹样

图 70 朱金木雕飞檐垂柱门窗式四柱架子床门楣花板螺钿花边“传旨”人物装饰图案

图 71 朱金木雕飞檐垂柱门窗式四柱架子床床身内箱座立面描金人物装饰图案

（二）六柱架子床类

六柱架子床是指床面采用四根立柱支撑，后面依然有两根立柱构造床身的一种架子床。其形制与在前柱左右设置门窗的四柱架子床十分类似，但构成方法并不相同，六柱架子床的门窗，是在两旁的立柱之间构成的，中间两立柱间常装上一架挂落。有的立柱并不直接安装在前面的床梃上，而是立于踏板之上，与其他构件组合后，构成不同的床面形式。现就八件藏品实例作些分析介绍。

1. 朱漆木雕飞檐围栏式六柱架子床（图 72）

这是一件典型的朱漆木雕飞檐围栏式六柱架子床，造型端庄大方，形体结构明确清晰，床身全凭六柱作直立支撑。上端外柱加斜杆巧妙地与横额接合，顶上装飞檐。内立柱上端的柱头与额楣相接，并由此而制成门窗，（图 73）形成传统形式上的一个床面，构造合理、简明、自然。门窗上中两部位分别装木雕花板；留两透格，下设三抹装裙板，雕刻均与床楣呼应。围栏作分条分格设计，上面狭长条用矮柱花结间隔相连，组成二方连缀式的带状图案，下面分格后由短杆作丁字形的卯榫接合，并构成不同的适合纹样，分格间还装雕刻花板连接。（图 74）装饰前后对应，使架子床显得格外通透灵动，别具特色。

图 72 朱漆木雕飞檐围栏式六柱架子床（长 228 厘米，宽 118 厘米，高 216 厘米）

图 73 朱漆木雕飞檐围栏式六柱架子床立柱门窗上部与横楣飞檐的构造和纹饰

图 74 朱漆木雕飞檐围栏式六柱架子床床身围栏架构与纹饰

2. 朱金木雕飞檐踏板式六柱架子床（图 75）

这件架子床的顶上立飞檐，双凤牡丹纹饰透彻明朗，双狮戏球图案空疏灵动,（图 76）极富有蓬勃生气和节奏感。床楣部位“庆功图”等三幅金彩闪烁的木雕花板，（图 77）在明亮的朱漆衬托下，特别醒目亮堂。架子床的前四柱直立在床前的一块踏板上，是构成六柱架子床的一种比较别致的构造形式。柱间曲折的几何纹门窗窗格，以及缠绕的“不断头”挂落，（图 78—79）使架子床显得格外秀丽和雅致。这是一件独具艺术匠心的优秀架子床作品。

图 75 朱金木雕飞檐踏板式六柱架子床（长 252 厘米，宽 178 厘米，高 241 厘米）

图 76 朱金木雕飞檐踏板式六柱架子床飞檐顶部双狮戏球图案

图 77 朱金木雕飞檐踏板式六柱架子床床楣上的“庆功图”人物故事纹样

图 78 朱金木雕飞檐踏板式六柱架子床门窗“扯不断”吉祥图案

图 79 朱金木雕飞檐踏板式六柱架子床的挂落装饰图案

3. 朱金木雕飞檐垂柱围栏踏凳式六柱架子床（图 80）

此床的形制、工艺和装饰风格与上例近乎相同。不难看出，这一类前四柱落地式的六柱架子床，在架子床类别中，其造型形式的特点极其鲜明，它们在形体的构造上，科学地继承了我国古代建筑木构的优秀传统工艺，在创意上极其明显地发挥了形体部件构造的特点而且卓有成效。（图 81）我国传统架子床常常在构造形式的变化中，特别突出地体现了它的艺术效果和文化价值。这些丰富的架子床藏品，给我们提供了珍贵的资料，揭示了民族传统漆木家具造物设计的一种重要规律，从而使我们更进一步地了解了真正意义上中国家具所形成的民族风格和传统艺术特色。

图 81　朱金木雕飞檐垂柱围栏踏凳式六柱架子床侧视图

图 80　朱金木雕飞檐垂柱围栏踏凳式六柱架子床（长 246 厘米，宽 180 厘米，高 247 厘米）

4. 朱金彩漆木雕钿屑三檐围窗式踏板六柱架子床（图 82）

床面在床沿上立四柱再装门窗的六柱架子床，在硬木大床中并不少见，但在朱金木雕架子床中，凡此造法的都极其讲究，特别是采用重檐构造的，都充分地彰显了中国架子床出类拔萃的艺术造诣。（图 83）这件三重檐的六柱架子床，装饰豪华，色彩富丽，工艺手法精巧、丰富多样，无论是木作还是漆作，无不精益求精，不失为一件富有代表性的精品之作。尤其是别具特色的洒螺钿屑工艺，成为一种独特的装饰手法，使架子床的装饰形象获得了崭新的审美情趣。（图 84—86）在画面的题材内容上，精彩的传统人物故事图案栩栩如生，山水、花鸟和动物瑞兽等也生机盎然，引人入胜。（图 87—88）这种架子床由于费工耗时，有些要花几年时间才能完工，被民间称为“千工床”。

图 82 朱金彩漆木雕钿屑三檐围窗式踏板六柱架子床（长 228 厘米，宽 188 厘米，高 233 厘米）

图 83　朱金彩漆木雕钿屑三檐围窗式踏板六柱架子床重檐构造和部件装饰

图 84　朱金彩漆木雕钿屑三檐围窗式踏板六柱架子床洒螺钿屑装饰纹样之一

图 85　朱金彩漆木雕钿屑三檐围窗式踏板六柱架子床洒螺钿屑装饰纹样之二

图 86　朱金彩漆木雕钿屑三檐围窗式踏板六柱架子床洒螺钿屑装饰纹样之三

图 87　朱金彩漆木雕钿屑三檐围窗式踏板六柱架子床门窗装饰纹样之一

图 88　朱金彩漆木雕钿屑三檐围窗式踏板六柱架子床门窗装饰纹样之二

5. 朱漆金彩木雕三檐围窗式踏板六柱架子床（图 89）

鲜红的朱漆，闪亮的金彩，精湛的木雕，始终是这些多姿多彩的重檐六柱架子床的主调。（图 90—91）表现在每件作品上又都呈现着各自的特色和不同的主题，或是欢乐喜庆的婚床，或是延年益寿的百岁床，或是多子多孙的育儿床，一切都在这些纷繁的重檐之下，寄托着人们对美好生活和未来人生的展望。

由于重檐架子床规格和实体规模都比较大，为了更好地上下呼应协调，加上需要防湿等实用要求，一方面，下部的床体使用围板把腿足挡住，另一方面在架子床前放置踏板，踏板常如一条低矮的长方形板凳。这种组合形式，几乎成为这一品种类型的一种定式。

图 89 朱漆金彩木雕三檐围窗式踏板六柱架子床（长 222 厘米，宽 175 厘米，高 232 厘米）

图 90 朱漆金彩木雕三檐围窗式踏板六柱架子床窗棂纹饰之一

图 91 朱漆金彩木雕三檐围窗式踏板六柱架子床窗棂纹饰之二

6. 朱金木雕三檐“安且吉”飞鸟垂柱围窗踏板式六柱架子床（图 92）

重檐六柱架子床的挂檐常有精巧的垂柱、替木、花牙等部件，在床身的构造中起牢固作用，同时也是突出的装饰部件，在构成门楼般传统式样的床面中，具有不可或缺的重要形式意义。这件架子床檐上设有“莫不静好”金字大红匾，以及挂落的居中处题写“安且吉”的书卷文字，皆颂扬了生活美满的情感世界。（图 93）这意味着只有平安吉祥，才是现实生活中真正的家庭和谐、婚姻幸福的基础。（图 94—95）

图 92　朱金木雕三檐“安且吉”飞鸟垂柱围窗踏板式六柱架子床（长 220 厘米，宽 176 厘米，高 238 厘米）

图 93　朱金木雕三檐“安且吉”飞鸟垂柱围窗踏板式六柱架子床的檐板匾文装饰

图 94　朱金木雕三檐“安且吉”飞鸟垂柱围窗踏板式六柱架子床门窗纹饰之一

图 95　朱金木雕三檐“安且吉”飞鸟垂柱围窗踏板式六柱架子床门窗纹饰之二

7. 朱金木雕三檐垂柱围屏踏板式六柱架子床（图 96）

这又是一件挂檐重重、金彩斑斓的六柱架子床，几乎以同样的造型、架构、纹饰和工艺，展现着明清时期浙东等地区高级架子床的高超水平。（图 97—98）无论在造物艺术领域还是非物质文化遗产方面，其在漆木家具史上都有着极为重要的贡献，故几百年来一直是我国民间颂扬的“千工床”的优秀作品。

图 96　朱金木雕三檐垂柱围屏踏板式六柱架子床（长 226 厘米，宽 188 厘米，高 245 厘米）

图 97 朱金木雕三檐垂柱围屏踏板式六柱架子床侧视图

图 98 朱金木雕三檐垂柱围屏踏板式六柱架子床门面挂落纹饰

8. 朱金木雕四檐飞鸟垂柱围窗踏板式六柱架子床（图 99）

能架起四重外檐的架子床实属罕见，首先是那“门楼”的高昂雄姿，（图 100）在传统建筑室内的空间，展现出了令人高扬的情景：通过特定的喜庆环境，让人们深深地感受到一种大富大贵和气象万千的氛围。可见，这样一件用作嫁妆的大型家具，不仅表达了时人对人生大事崇尚的传统观念，也给我们今天提供了观察旧时民情习俗和社会风情的窗口。在物质财富领域，也成为主人张扬门户、社会地位及光宗耀祖的一种体现和象征。这类婚床常有许多特定的装饰题材和内容，或成双成对的珍禽瑞兽、多姿多态的奇花异草，（图 101）或男情女爱的戏曲故事、仙界人间的喜乐画面，（图 102—103）运用许多程式化的成熟表现形式，在情节的描绘中都传递着众多生动丰富的思想内涵，表达着深远的文化意蕴。

图 99　朱金木雕四檐飞鸟垂柱围窗踏板式六柱架子床（长 225 厘米，宽 175 厘米，高 258 厘米）

图 100 朱金木雕四檐飞鸟垂柱围窗踏板式六柱架子床重檐构造和部件装饰

图 101 朱金木雕四檐飞鸟垂柱围窗踏板式六柱架子床金彩双狮纹

图 102 朱金木雕四檐飞鸟垂柱围窗踏板式六柱架子床金彩人物折枝花图案之一

图 103 朱金木雕四檐飞鸟垂柱围窗踏板式六柱架子床金彩人物折枝花图案之二

（三）八字门窗式架子床类

所谓八字门窗式架子床，顾名思义，即是将床面的门窗设置为“八字形”式样，向左右敞开的架子床。这是朱金木雕架子床在创新中产生的一种新颖别致的类型，也是中国家具历史上前所未见的架子床的建造样式。

八字门窗式架子床的挂檐构造常常利用斜立面的八字形门窗来做支撑，改变了原有单一依附檐柱的造法。外檐因此增添了更多的形体装饰空间，通过精心的设计，可以丰富床面的营造和装饰，表现出更多新颖别致的架子床形体，这些产品的艺术感染力也更引人入胜。

设置八字式门窗的架子床，其造型的意义不只是一种单纯的形式变化，还充分地说明了在明清时期经济高度发达的江南和沿海地区，随着社会人文环境的改变，人们的生活习俗和起居方式又出现了许多新的内容。由此，家庭日常生活中必不可缺的主要家具，尤其是用于结婚礼仪的床和红妆家具，也就必然会在不断创新中，产生满足社会需要的各种新产品。

1. 朱金木雕圆洞门罩式八字门窗架子床（图 104）

这是将圆洞门式床罩的四柱架子床形体，通过在增宽、加长的床沿上，再加设外柱和门窗，形成的一张别具一格的飞檐垂柱八字门窗架子床。飞檐顶上装置镂雕组合的九狮图，寓意喜庆

图 104 朱金木雕圆洞门罩式八字门窗架子床（长 289 厘米，宽 172 厘米，高 261 厘米）

吉祥。垂柱下床额雕花板上，七幅精美的木刻书画，内容有古代诗词与梅、兰、竹、菊等组成的画面，显得十分幽雅逸致，（图 105）散发着浓郁的文人气息。圆洞门罩上金彩透雕的匾额，采用古代神仙故事中“和合二仙”的题材，（图 106）似以寓意的手法，给天赐良缘的男女作婚姻见证。门罩、八字门窗上有寓意“平升三级”的窗棂图案，朱金木雕画面的题材有男欢女爱等传统戏曲故事，且构图巧妙、刻画精美，（图 107—108）使这件古床显得格外意趣无穷。

图 105 朱金木雕圆洞门罩式八字门窗架子床横额木刻诗画图案

图 106 朱金木雕圆洞门罩式八字门窗架子床匾额“和合二仙”纹样

图 107 朱金木雕圆洞门罩式八字门窗架子床门罩人物故事图案之一

图 108 朱金木雕圆洞门罩式八字门窗架子床门罩人物故事图案之二

2. 朱金木雕飞檐“熊梦呈祥”八字门窗架子床（图 109）

这件床的构造手法，是在床沿左右两端设置斜木条后直接安装门窗，并采用在门窗顶上的边抹承接檐撑和雀替，用来建构架子床的两重挂檐，向上再安置飞檐。（图 110）空灵秀美的“凤穿牡丹”木雕飞檐与明丽清新的挂檐装饰，在对比中互相呼应，和谐协调，这也是朱金木雕架子床中较具特色的又一造法。两扇门窗上的木雕人物故事，与“熊梦呈祥”的匾文内容相得益彰，在对应中突出了人间夫妻恩爱和子孙兴旺等主题与思想内容，（图 111—112）使其成为一件艺术性和功能性完美融会的婚床。

图 109　朱金木雕飞檐“熊梦呈祥”八字门窗架子床（长 265 厘米，宽 175 厘米，高 246 厘米）

图 110 朱金木雕飞檐“熊梦呈祥”八字门窗架子床挂檐构造与部件装饰

图 111 朱金木雕飞檐“熊梦呈祥”八字门窗架子床门窗人物故事纹饰之一

图 112 朱金木雕飞檐“熊梦呈祥”八字门窗架子床门窗人物故事纹饰之二

3. 朱金木雕三檐“庆衍螽斯”八字门窗架子床（图 113）

这件八字门窗架子床的构造同前例十分相似，采用“拐子龙”撑住檐棚，（图114）左右雀替装在门罩的床柱上，中间与额框的竖档连接，金彩木雕神仙立像。（图 115）两层拉空的条叶纹饰花板，在中央开光中饰一对金色狮子图案，两旁为瑞兽、喜鹊，寓意欢天喜地。门罩窗格也是由寓意平安富贵的装饰图案构成的，牡丹花叶、宝瓶和底座均采用对称手法。各个画面的图案纹饰同样是围绕着“庆衍螽斯”的古意内容来设计，有人物故事、山水、动物和吉祥物等。历经岁月的洗礼，朱漆红艳的色调依旧气氛热烈、喜气洋洋，仍能让人感受到那个年代的欢乐情怀。

图 113　朱金木雕三檐“庆衍螽斯”八字门窗架子床（长 265 厘米，宽 180 厘米，高 236 厘米）

图 114　朱金木雕三檐“庆衍螽斯”八字门窗架子床挂檐构造装饰

图 115　朱金木雕三檐“庆衍螽斯”八字门窗架子床“天官赐福”雀替装饰

4. 朱漆木雕飞檐垂柱画屏式八字门窗架子床（图 116）

这件八字门窗式架子床的挂檐构造，以斜窗外柱和六组立雕凤凰的雀替上托撑起，檐边下悬对应的花篮垂柱由花板连接而形成二重式外檐。各个部件上的雕刻，均为平地深浮雕镂挖而成，工艺十分精致。人物图案多取自戏曲故事，（图 117—120）植物有牡丹、杏花等，有象征“四君子”的梅、兰、竹、菊，还有佛手、桃子、柿子、石榴等“结子”图案，都有着丰富的吉祥寓意。横额上一幅幅引人入胜的自然景色画面，更是让人沉浸在无比美好的意境中，充满别样的祥和气氛。风姿绰约的牡丹花，回首望日的凤纹图案，让床顶飞檐的装饰在这里成了荣华富贵的最美标签，更成为江南地区民间富贵家庭的生动写照。

图 116　朱漆木雕飞檐垂柱画屏式八字门窗架子床（长 248 厘米，宽 199 厘米，高 238 厘米）

图 117　朱漆木雕飞檐垂柱画屏式八字门窗架子床檐条板人物故事纹之一

图 118　朱漆木雕飞檐垂柱画屏式八字门窗架子床檐条板人物故事纹之二

图 119　朱漆木雕飞檐垂柱画屏式八字门窗架子床檐条板人物故事纹之三

图 120　朱漆木雕飞檐垂柱画屏式八字门窗架子床檐条板人物故事纹之四

5. 朱金木雕飞檐围屏式八字门窗架子床（图 121）

这件架子床的装饰画面，均采用精致的浅雕工艺，画中的山水、人物、动物、植物以及纹样图案等，（图 122—125）运用我国传统绘画手法，深入地刻画形象的动态和神情，情景交融，传递出各种审美意境，令人赏心悦目。各种不同题材内容，通过精心的设计组合，互相呼应，营造出了架子床高雅的精神架构，让人能在生活中获得一种仙风道骨般的感受和情操，并由此实现“大富贵大寿考，长吉祥宜子孙”的美好人生理想，犹如在飞檐“龙亭”中那样，男欢女爱，天长地久，永远幸福。在这件架子床面前，人们可以在想象时人享受富裕生活的同时，感受到“家园”的精神意义。

图 121 朱金木雕飞檐围屏式八字门窗架子床（长 250 厘米，宽 205 厘米，高 146 厘米）

图 122　朱金木雕飞檐围屏式八字门窗架子床门楣花鸟纹饰

图 123　朱金木雕飞檐围屏式八字门窗架子床门楣山水纹饰

图 124　朱金木雕飞檐围屏式八字门窗架子床窗栏人物纹样之一

图 125　朱金木雕飞檐围屏式八字门窗架子床窗栏人物纹样之二

6. 朱漆框景立檐垂柱挂落画屏式八字门窗架子床（图 126）

这件架子床在宽大的床沿上斜立八字式外窗，左右门窗两两之间均安装兜料卯榫接合的挂落，前后呼应。窗顶上装置横额，均以浅平雕的形式刻画江南园林的亭台楼阁，中间一幅系宴请场面，两边是游园活动的景象。（图 127）两窗栏上还雕刻有庭园生活的情景。（图 128—129）其他不同部位雕刻有“荷塘清趣”“鹤鹿同春”“梅兰竹菊”“五福捧寿”“麒麟献瑞”“喜从天降”“双鱼吉庆”等吉祥寓意的图案。如此丰富多彩的装饰内容，都表达了主人美好的愿望和殷切的期盼，通过精心的设计安排，相得益彰，协调完美。床身内还设有搁台、花鸟画围屏等。（图 130）可以看出，这是一件出自几代书香门第人家的高档架子床。

图 126　朱漆框景立檐垂柱挂落画屏式八字门窗架子床（长 255 厘米，宽 250 厘米，高 232 厘米）

图 127　朱漆框景立檐垂柱挂落画屏式八字门窗架子床窗顶横额庭园图案

图 128　朱漆框景立檐垂柱挂落画屏式八字门窗架子床窗栏庭园图案之一

图 129　朱漆框景立檐垂柱挂落画屏式八字门窗架子床窗栏庭园图案之二

图 130　朱漆框景立檐垂柱挂落画屏式八字门窗架子床画屏装设

7. 朱金木雕重檐“鸾凤和鸣”踏板式八字门窗架子床（图131）

这张床的八字窗落座在下置踏板（凳）的坐箱上，又形成了一种新的形体式样。带有抽屉和双门的坐箱内，可放置一些零星物品或鞋袜之类的东西，增添了实用功能。外窗窗边安装雀替式的构件，上托檐顶的构造方法，是朱金木雕架子床在吸收传统建筑大木作构造中，运用木作工艺取得的又一成果。通过构件的艺术造型，丰富了这类高档家具的装饰语言，进一步达到了内容与形式的完美统一，体现了匠师们的聪明智慧和创造性的卓越才能。

架子床中不同部件的精心设计，也获得了相得益彰的艺术效果，如飞檐的彩凤金龙、鱼化龙纹，（图132—133）造型生动而富有灵气；四扇门窗、横额和雀替上近百个人物的形象塑造，神情并茂，出类拔萃；窗格、栏杆等小木作，严密精巧，均衡匀称。加上整体朱红金彩的相互辉映，都让人获得了无限的审美享受。

图131　朱金木雕重檐“鸾凤和鸣”踏板式八字门窗架子床（长288厘米，宽238厘米，高242厘米）

图 132 朱金木雕重檐“鸾凤和鸣”踏板式八字门窗架子床飞檐彩凤金龙雕刻装饰

图 133 朱金木雕重檐“鸾凤和鸣”踏板式八字门窗架子床飞檐装饰的鱼化龙和寿星图案

8. 朱金木雕“鸾凤和鸣”四檐围窗踏板式八字门窗架子床（图 134）

高扬的四重床檐，由层层精巧的雀替和花板架构而成，加上卷棚形式的檐顶，好似建起了一座华丽的垂花门楼。喜鹊登梅的镂空落地门罩，（图 135）匠心独运，给这件用作婚床的架子床增添了无比欢乐和喜庆的氛围。“玉燕投怀”“鸾凤和鸣”红色额匾更是最美好的祝福和象征。尤其是左右窗的朱漆贴金木雕，都是早生贵子、金榜及第、家族荣华富贵等吉祥的内容。（图 136—137）可见，这是一件典型意义的“千工床”珍品，富有很高的研究和艺术价值。

图 134 朱金木雕“鸾凤和鸣”四檐围窗踏板式八字门窗架子床（长 278 厘米，宽 230 厘米，高 276 厘米）

图 135　朱金木雕“鸾凤和鸣”四檐围窗踏板式八字门窗架子床镂雕喜鹊登梅门罩图案

图 136　朱金木雕“鸾凤和鸣”四檐围窗踏板式八字门窗架子床门窗图案之一

图 137　朱金木雕“鸾凤和鸣”四檐围窗踏板式八字门窗架子床门窗图案之二

9. 朱金木雕三檐“鸾凤和鸣”“麟趾呈祥”双匾式八字门架子床（图 138）

这是将八字窗直立在踏座上的架子床，一个小的改变，则又打造成了一种崭新的形体造型。通过精巧的设计，采用由金彩木雕雀替撑起的烁烁重檐，（图 139）中间挂上醒目的“鸾凤和鸣”“麟趾呈祥”二块金字额匾，（图 140）在十分热烈喜庆的气氛中，又增添了一份别样的祥和与典雅。加上以教子育才、儿童戏乐等主题内容的装饰画面，更充分地展示出民间婚庆大事的礼仪传统。这是匠师们创造的一件注重生活格调和民俗品位的优秀艺术品。

图 138 朱金木雕三檐“鸾凤和鸣”“麟趾呈祥”双匾式八字门架子床（长 260 厘米，宽 250 厘米，高 246 厘米）

图 139 朱金木雕三檐“鸾凤和鸣”“麟趾呈祥”双匾式八字门架子床重檐构造和部件装饰

图 140 朱金木雕三檐“鸾凤和鸣”“麟趾呈祥”双匾式八字门架子床门窗装饰纹样

10. 朱金木雕飞檐“吉梦征兰”额匾画屏围窗式八字门架子床（图 141）

这张八字窗直立在踏座上的架子床，装饰内容突出子孙满堂、荣华富贵的主题，纹样有“金童玉女”“三娘教子”“五子夺魁”,（图 142—143）有寓意高升的放鞭炮、放风筝,象征多产的子虾和富贵的河塘金鱼,“夔龙双喜”“蝙蝠团寿”“鸳鸯戏荷”“凤戏牡丹”，仙鹤、绶带以及葡萄、桃子、水仙等，（图 144—145）甚至还描绘了弹琴奏乐、天上人间的生活场景。各种手法的雕刻精细入微，生趣盎然。如此丰富多彩、充满传统文化内涵的家具作品，为我们民族的工艺美术史留下了一份极其珍贵的文化遗产，是明清家具中不可多得的传统艺术瑰宝。

图 141 朱金木雕飞檐“吉梦征兰”额匾画屏围窗式八字门架子床（长 262 厘米，宽 210 厘米，高 256 厘米）

图 142 朱金木雕飞檐“吉梦征兰”额匾画屏围窗式八字门架子床匾额和雀替装饰与构造

图 143 朱金木雕飞檐“吉梦征兰”额匾画屏围窗式八字门架子床金童玉女装饰之一

图 144 朱金木雕飞檐“吉梦征兰”额匾画屏围窗式八字门架子床金童玉女装饰之二

图 145 朱金木雕飞檐“吉梦征兰”额匾画屏围窗式八字门架子床檐牙板镂雕花卉纹样

（四）拔步床类

架子床中最复杂、功能最完备的一种类别是在床前设置“踏步”，添加立柱和栏杆或隔窗的拔步床。这种架子床在元人的《荆钗记》中就已有记载，如“可将冬暖夏凉描金拔步大凉床搬到十二间透明楼上”，及“今乡村人尚云拔步床，城市人反云踏步床，非也”。只是至今尚未见有元代的实物或图像流传下来。

明刊《鲁班经匠家镜》中，称拔步床为“大床”及“凉床”，其构造的主要特点是在床腿下设置平台和踏板，在踏板之上也架设立柱，采用挂落、栏杆或隔窗、花罩、顶篷等构成一个单独的空间，可供放置日常生活使用的小桌、坐凳和盥洗器物等各类用具和物品。明清时期许多讲究的拔步床正如《鲁班经》图式中所绘的，均采用挂檐和垂柱，更如一幢精致的小屋。尤其是清代的拔步床，装饰有浩繁的雕刻、镶嵌、描画、贴金或彩绘，非常富丽堂皇。

浙东地区的朱金木雕拔步床，在明清时期具有代表性，可称是中国床的典范。天喜藏品为我们提供了珍贵的实例，多达十六件，有着几种不一样的形体构造和造型样式，具有丰富的研究价值。这些构造精密、造型别致、华丽富贵、精妙绝伦的朱漆金彩木雕拔步床，毫无疑义可让人们进一步深入地认识到明清时期我国传统漆木高档家具在中国家具史上的特殊地位，在民族物质文化和艺术领域里取得的卓越成就。现选以下九例，分述如下。

1. 朱漆贴金木雕四重檐飞鸟人物“兰桂腾芳”拔步床（图 146）

拔步床以朱砂红漆贴金木雕的人物故事和飞禽瑞兽、异花奇草等题材内容，构成一幅幅烘托浓烈气氛的画面或装饰图案，借以传递民俗传统中喜庆吉祥的生态环境。在“兰桂腾芳”红匾的左右，描绘着男女情缘、夫妻恩爱的“举案齐眉”与“落叶题诗”的历史故事纹样，（图 147—148）通过人物的刻画，深刻地展示了人们的生活理念和精神世界。两旁“熊罴叶梦”“祥呈鸾凤”的花板上，还生动地刻画了一幅幅儿童喜乐的景象。（图 149）在拔步床安装的“金凤牡丹”挂落后面，床身的两扇门窗之间，又有一对象征多子多孙的“松鼠葡萄”透雕挂牙，床身左、右、后三面，则装有可拆装的围屏。

拔步床的门窗裙板上金彩熠熠的两幅英雄和美女的历史爱情故事，（图 150—151）更是民间婚床十分敬奉的装饰题材，在江浙地区广为流传。加上挂檐中垂柱、雀替等部件的精心设计和制作，（图 152—153）这些都成为这件“千工床”一道道令人赏心悦目的风景线。同时，这件架子床也体现了我国古代家具设计科学、思想丰富的深刻内涵。

图 146　朱漆贴金木雕四重檐飞鸟人物“兰桂腾芳”拔步床（长 218 厘米，宽 268 厘米，高 248 厘米）

图 147　朱漆贴金木雕四重檐飞鸟人物“兰桂腾芳”拔步床装饰檐板“举案齐眉”花纹

图 148　朱漆贴金木雕四重檐飞鸟人物“兰桂腾芳”拔步床装饰檐板“落叶题诗”花纹

图 149　朱漆贴金木雕四重檐飞鸟人物“兰桂腾芳”拔步床装饰檐板婴乐纹饰图案

图 152　朱漆贴金木雕四重檐飞鸟人物“兰桂腾芳”拔步床垂柱之一

图 150　朱漆贴金木雕四重檐飞鸟人物“兰桂腾芳”拔步床门窗裙瓿装饰纹样之一

图 151　朱漆贴金木雕四重檐飞鸟人物“兰桂腾芳”拔步床门窗裙瓿装饰纹样之二

图 153　朱漆贴金木雕四重檐飞鸟人物“兰桂腾芳”拔步床垂柱之二

2. 朱漆贴金木雕四重檐垂柱“鸾凤和鸣”围窗式拔步床（图 154）

据传说，这一件朱漆贴金木雕“千工床”，是由“清朝光绪年间，浙南豪绅里有位已年过半百的黄员外”请当地最优秀的三个木工雕刻名匠连续做三年，不惜巨资，为爱护备至的幼女准备嫁妆而精心制造的。这件千工床“有八十一幅画面，人物八十余人，一十九扇可上下关合之窗。金凤六只，金狮七只，喜鸟六对，会抖动翅膀的飞鸟六只”，花床有里外二层，外层题“鸾凤和鸣”，内层“天作之合”。五层床额，二进圆形拱门，亭台楼阁、山水花鸟、狮子献瑞、戏剧人物等，皆栩栩如生，精美绝伦。各个画面、图样都显示吉庆祥和的寓意，有的表现加官进爵、福禄双全、子孙满堂、人丁兴旺，有的表现夫唱妇随、鸾凤和鸣、鸳鸯交颈、夫妻相敬如宾、白头到老等。（图 155—159）在制作工艺上也尤为精工细作，无论是小木作的透雕、镂刻，还是贴金、螺钿镶嵌等，无不细致入微，玲珑精美，是“千工床”中一件极其高雅华贵、富丽堂皇的经典杰作。

图 154 朱漆贴金木雕四重檐垂柱“鸾凤和鸣”围窗式拔步床（长 226 厘米，宽 316 厘米，高 248 厘米）

图 155 朱漆贴金木雕四重檐垂柱“鸾凤和鸣”围窗式拔步床门窗花板风景纹样

图 157 朱漆贴金木雕四重檐垂柱“鸾凤和鸣”围窗式拔步床门窗挂落金凤牡丹纹样

图 156 朱漆贴金木雕四重檐垂柱“鸾凤和鸣”围窗式拔步床门窗花板双狮纹样

图 158 朱漆贴金木雕四重檐垂柱“鸾凤和鸣”围窗式拔步床门窗花板人物故事图案之一

图 159 朱漆贴金木雕四重檐垂柱“鸾凤和鸣”围窗式拔步床门窗花板人物故事图案之二

3. 朱金钿屑木雕四重檐飞鸟垂柱围窗式拔步床（图 160）

这件拔步床在应用朱漆、贴金、雕刻等传统工艺外，最明显的是采用螺钿花片装饰的镶嵌手法，特别是运用钿屑技艺，（图 161—162）通过不同的构造部件设计的画面需要，以各种形式表现出了艳丽的色彩形象。（图 163—164）这一特殊的工艺技法，也成了朱漆金彩木雕家具中的一个专业门类，其别具一格的色彩形式和艺术效果，往往给人们带来特别的美感享受。由于钿屑工艺难度大，且费工费时，故制成的拔步床也显得格外贵重。

图 160 朱金钿屑木雕四重檐飞鸟垂柱围窗式拔步床
（长 228 厘米，宽 290 厘米，高 248 厘米）

图 161　朱金钿屑木雕四重檐飞鸟垂柱围窗式拔步床门窗花板钿屑金彩山水纹之一

图 162　朱金钿屑木雕四重檐飞鸟垂柱围窗式拔步床门窗花板钿屑金彩山水纹之二

图 163　朱金钿屑木雕四重檐飞鸟垂柱围窗式拔步床钿屑花片金彩人物窗花图案之一

图 164　朱金钿屑木雕四重檐飞鸟垂柱围窗式拔步床钿屑花片金彩人物窗花图案之二

4. 朱金木雕三重檐垂柱“鸾凤和鸣”嵌宝珠围窗式拔步床（图 165—166）

这一件拔步床，除了采用精密的钿屑工艺之外，又镶嵌明媚亮丽的蓝色琉璃宝珠进行点缀，使挂檐更加珠光宝气、耀眼富贵。（图 167—168）窗格的每个结子甚至也镶有一颗宝珠，使形体空间更加引人入胜，能够让人们深刻地感受到古人打造这件婚床时的别具匠心。

在构造上，这件拔步床巧妙地应用了古代建筑外檐檐柱的柱撑，展示了栩栩如生的飞鸟展翅画面，凸显出了不同于一般部件的设计效果，使高级家具在造型的艺术形式上呈现出了更富有自然生态的气象。该拔步床的重檐均安装垂花柱，或花开朵朵，或流苏挂灯，在与檐柱撑杆的组合中，呈现出和谐协律的趣味，让人们在审美联想时不由自主地发出赞美声。

图 165 朱金木雕三重檐垂柱“鸾凤和鸣”嵌宝珠围窗式拔步床（长 230 厘米，宽 310 厘米，高 240 厘米）

鳴和鳳鸞
天作之合

图 166 朱金木雕三重檐垂柱“鸾凤和鸣”嵌宝珠围窗式拔步床侧视图

图 167　朱金木雕三重檐垂柱“鸾凤和鸣”嵌宝珠围窗式拔步床檐条嵌宝珠装饰

图 168　朱金木雕三重檐垂柱“鸾凤和鸣”嵌宝珠围窗式拔步床围窗嵌宝珠装饰

5. 朱漆金彩木雕立檐叠窗圈门式拔步床（图 169—170）

这件拔步床架顶上直立式栏杆状的檐式构造，使整体造型又出现了一种新颖感，其造法也各尽其变，故形体显得格外丰富而呈现崭新的面貌。再加上床面设计成叠窗式和弧圈形门洞，给人带来了更不一般的形象吸引力。台座式的床体显得更加平实而稳固，使床顶排列有序的立檐显得更加高扬挺拔。这件清末民国初期打造的拔步床，仍保留传统题材中的木雕戏曲人物故事及儿童戏乐的内容，且充分发挥了明清以来传统工艺的精湛技艺水平，蕴含着丰富的人文内容和民族艺术特色，有着独特的传承意义和收藏价值。

图 169 朱漆金彩木雕立檐叠窗圈门式拔步床侧视图

图 170 朱漆金彩木雕立檐叠窗圈门式拔步床（长 212 厘米，宽 242 厘米，高 260 厘米）

6. 朱漆贴金木雕龙凤飞檐垂柱拔步床（图 171—172）

这是在四柱架子床前设置一个平台，再犹如六柱架子床门面的构造那样，营造出一个特殊的空间，组合后构成的一款典型的朱漆彩金木雕拔步床。其时代感十分鲜明，光辉亮丽的风采给人们亲和醒目、喜气洋溢的精神感受，赢得了人们一致的赞赏。可见，它在中国明清以来的各种漆器家具中，饱含着一种新颖特殊的美学价值。这件床在造型上的比例、尺度权衡，装饰上的色彩、纹样以及制作工艺、表现手法等，几乎都体现了高度完美和无比卓越的艺术水平。（图 173—175）在时代发展下的创新型拔步床中，是一件不可多得的代表作品。

图 171　朱漆贴金木雕龙凤飞檐垂柱拔步床（长 228 厘米，宽 228 厘米，高 236 厘米）

图 172　朱漆贴金木雕龙凤飞檐垂柱拔步床侧视图

图 173　朱漆贴金木雕龙凤飞檐垂柱拔步床飞檐挂檐构件和装饰

图 174　朱漆贴金木雕龙凤飞檐垂柱拔步床门窗纹样的人物造型和色彩装饰

图 175　朱漆贴金木雕龙凤飞檐垂柱拔步床挂落装饰中的金彩人物图案

7. 朱漆贴金木雕“三星高照”飞檐围屏式拔步床（图 176）

这件拔步床，飞檐叠加，檐的顶上是一幅“三星高照”图像，左右有“和合二仙”形象，云和蝙蝠也寓意“幸福呈祥”，两端为仙鹤、寿桃，（图 177）这些装饰都深刻地昭示着主人家是一户享有喜、禄、福、寿的美好家庭。尤其是琴棋书画等装饰内容，充满了诗情画意。（图 178—179）门柱上雕刻的“诗咏桃实子而孙，祥征兰梦本与女”对联，情深意长，也传递了浓浓的书香气息。百结、双鱼、吉庆、男才女貌、子孙融融等纹饰和画面，也无不多彩而隽丽，这些都是主人家庭高度艺术修养的体现和反映。（图 180—182）拔步床的整体造型和形式表现、工艺制作和加工手法，也都设计周到、刻画入微、精致完美，是一件书画得体、形象生动而不同寻常的新型拔步床。

图 176 朱漆贴金木雕“三星高照”飞檐围屏式拔步床（长 220 厘米，宽 210 厘米，高 252 厘米）

图 177 朱漆贴金木雕“三星高照”飞檐围屏式拔步床飞檐透雕鹤寿纹装饰

图 178 朱漆贴金木雕“三星高照”飞檐围屏式拔步床檐条装饰图案之一

图 179 朱漆贴金木雕“三星高照”飞檐围屏式拔步床檐条装饰图案之二

图 180 朱漆贴金木雕“三星高照”飞檐围屏式拔步床门柱联对装饰之一

图 181 朱漆贴金木雕“三星高照”飞檐围屏式拔步床门柱联对装饰之二

图 182 朱漆贴金木雕“三星高照”飞檐围屏式拔步床门窗裙板人物故事图案

8. 朱漆木雕龙狮飞檐嵌珠围屏式拔步床（图 183）

踏步之上设柱架、挂落，倚柱装置较狭长的两条门窗。长窗有十抹，分成三个框格和三个景框，框格内虚镶花边，（图 184—185）嵌有蓝色琉璃宝珠，窗景框内雕刻花板人物，多系闲情逸趣、文静雅致的女性形象。（图 186—187）另加二块绦环板，刻如意纹样。踏步庑廊内床沿前的小平台比较狭小，踏板离地约 15 厘米，宽约 8 厘米，长约 20 厘米。后半部床体三面围有拆装式的屏风。这件床为富贵人家供小姐使用的“女儿房”拔步床，素质清雅，此类实物尤少留存于世。

图 184　朱漆木雕龙狮飞檐嵌珠围屏式拔步床长窗框景装饰之一

图 185　朱漆木雕龙狮飞檐嵌珠围屏式拔步床长窗框景装饰之二

图 186　朱漆木雕龙狮飞檐嵌珠围屏式拔步床长窗裙板人物纹之一

图 187　朱漆木雕龙狮飞檐嵌珠围屏式拔步床长窗裙板人物纹之二

图 183　朱漆木雕龙狮飞檐嵌珠围屏式拔步床（长 248 厘米，宽 196 厘米，高 246 厘米）

9. 双叠立檐步步高四进式拔步床（图 188）

该拔步床有四进，每进升高一步，寓意步步高升。每进均设置拱门，雕刻有戏剧人物故事、珍禽瑞兽和奇花异草等装饰图案，这些雕刻画面大多底衬白色钿屑，故对比强烈，色调格外明亮、醒目。（图 189—190）迎面的门罩透雕仙鹤劲松，气势雄伟，云中又有“八仙”悠然而来，一派人间吉祥平安、世态昌盛的气象。中间床柱上“喜看红梅多结子，笑见绿竹又生孙”的一副对联，流露了富贵人家意图子孙连绵长延、代代兴旺的美好愿望。这件构造浩瀚的大型四进式拔步床，约是民国时期的产品。

图 188　双叠立檐步步高四进式拔步床（长 215 厘米，宽 552 厘米，高 266 厘米）

图 189 双叠立檐步步高四进式拔步床柱柜面钿屑装饰之一

图 190 双叠立檐步步高四进式拔步床柱柜面钿屑装饰之二

二、百床形体的科学构造和部件的艺术设计

从上述的各类架子床藏品中，可以清楚地看到，明清时期的朱金木雕架子床，各类造型的形制都有着一个共同的构造范式，几乎都是基于我国古代建筑木架形体的构架法则来打造的。在满足人们日常生活功能要求和使用目的的同时，根据传统建筑木作的构架方法，通过周密的设计和精心的加工制造，形成各类架子床的形体或式样。其中形体的各个部分，许多构造的部件，大多是直接承继了建筑架构某些部件的形制和制作工艺。

自宋代起始，垂足而坐的家具样式逐渐形成，我国古代的漆木家具也渐渐地进入了历史的成熟时期。明代中晚期以后，许多高档家具开始采用硬木来制造，先后形成了明式家具和清式家具。在这一历史发展过程中，唐宋以来长期发展的漆木家具，特别如架子床的制造，业已达到了一个崭新的高度，甚至成为最主要的一种品类，并在这一发展中取得了历史的最高成就。由于两者的用材不同，硬木家具与漆木家具在装饰工艺上是不相同的，故两者产生出了不同的艺术风貌。其中尤其是漆木架子床的构造，由于一直沿袭着中华民族的传统艺术，在进一步的发展中，很快走向了历史的顶峰。特别是在浙东和沿海有些地区，这类朱金木雕架子床在民俗文化浸润下完全达到了前所未有的工艺水平。只是人们似乎渐渐地模糊了架子床与传统建筑木架构造的渊源关系，忽视了这种构造在中国传统家具历史环境中的地位和价值，甚至不少研究者今天仍然没有认识到这类家具的这个本质属性，从而对中国传统漆木家具的丰功伟绩，对明清家具发展中出现的这两座里程碑，厚此薄彼，使我国传统家具在人类造物史上取得的科学和艺术成就，未曾得到过全面的总结和认识，更未能得到很好的全面传承，未能如明清“细木家具”那样被继承创新和发扬光大。

今天，在这些已经远离人们生活的古床面前，我们不能不清醒地接受这种认识，感受它们给予我们的强烈震撼和无比感叹。

我国传统家具丰富的文化传统和鲜明的民族特色，在这些朱漆金彩木雕古床上，竟是那样地光彩夺目。它如我国古代建筑那样，已然无比地灿烂和辉煌，正如梁思成先生在《清式营造则例》中所云，“轮廓的和谐，权衡的俊秀伟丽”，才是永恒的中华“木构文明”中最“美”的象征。那些充满着高度智慧的造型设计、形体构造、架体部件、工艺规范，以及能工巧匠的卓越才能和精湛技艺，是人类造物活动中非凡的经验和宝典，都已成为中华民族文明的永久财富。

这里，我们通过百床藏品的实例，分别对其“形体的科学构造”和“部件的艺术设计”两大方面，作些深入的探索和研究。

（一）架子床形体的科学构造

朱金木雕架子床的形体，一般由三个部分组成，即床架、床面和床身。无论是组成部分的单体，还是组合而成的整架床体，都是凭借建筑架式的木作建构来进行实施和构造完成的。

床架，一般指床身上部的框架，是由安装在床体四角位置的立柱、柱顶上架设纵横木条构建的床顶组合而成的，有的顶上再铺上木板，可防尘埃。柱底有许多仍保留着类似建筑物中柱础的做法，与木架房屋的柱子近乎一致。立柱左右两边和后两柱之间，往往安装围栏、栏板、屏风或格窗等装置。

床面，是指床体的正面加装上去的一个独立构架的“门面”，是朱金木雕架子床的一种特殊形式，也是最重要的构造部分。床面常常通过檐柱与床架立柱构合在一起，构成类似建造房屋的门面，或建筑物垂花柱门楼那样的构造部分。这也是朱金木雕架子床在吸收古代建筑传统的构造时不断创新而取得的最具形象特征的部分。这一构造，逐步形成了朱金木雕架子床鲜明的中国式样，直接展示出了明清漆木架子床的重大艺术成果。

床身，是指床架下的形体部分。可分“台式”和“案式”两种，也都系框架式构造。但有些正面近乎一种台式箱体的外形，犹似唐宋床榻演进而来的做法，其实只是在床身腿足外加装板面而造成腿足不见明显外露的一种形式效果，类似于所谓台座或箱体。四足站立式的床身，还有“案形”和“桌形”等类别不同的形体。

以上三个构造，都是组成朱金木雕架子床形体造型的构成要素，是架子床床体最主要的组成部分。

1. 床架的构造

从藏品朱漆木雕飞檐狮亭围板式四柱架子床的侧视图中，我们能清楚地看到架子床的形体由床架、床面和床身三个部分组合构成。（图 191）在其正侧视图中，床架的四柱、床顶横杆以及两侧和后边栏板的具体构造，均历历在目，非常清晰。（图 192）这一完整的形体框架，是我国传统漆木架子床在历史的发展过程中，承接古代木构建筑梁柱框架结构造法最直接的应用，也是明清架子床最具典型性的造型形式。这样的构造，十分清晰地反映了我国传统家具的本质属性和基础原理。

在众多的四柱架子床中，许多件几乎都是这一相同的构造方法，如朱漆贴金木雕“鸾凤呈祥”四柱架子床、朱漆贴金木雕重檐“熊梦呈祥”四柱架子床，（图 193—194）其他

图 192 朱漆木雕飞檐狮亭围板式四柱架子床正侧视图

图 193 朱漆贴金木雕“鸾凤呈祥”四柱架子床正侧视图

图 191 朱漆木雕飞檐狮亭围板式四柱架子床（长 246 厘米，宽 142 厘米，高 235 厘米）

图 194 朱漆贴金木雕重檐“熊梦呈祥”四柱架子床正侧视图

图 195 朱金木雕狮亭飞檐垂柱踏板式六柱架子床侧视图

图 196 朱金木雕狮亭飞檐垂柱踏板式六柱架子床正侧视图

图 197 朱金木雕狮亭飞檐垂柱踏板式六柱架子床正侧视分解图

几十件四柱架子床床架的架构，也都如出一辙，这就完全可以说明，朱金木雕架子床的床架构造在我国传统漆木家具中的重大作用和意义。

朱金木雕六柱架子床，大多也采取同样的造法。有的构造虽有一些差异，但仅是在组合中某些部件形式发生变化。如朱金木雕狮亭飞檐垂柱踏板式六柱架子床的床架，（图 195）由于添加了踏板，六柱架子床床架前面的四根床柱出现了落底的形式，只是将两根檐柱落到了踏板上，而其后的床柱未有任何改变，依旧保持着相同的框架构造。通过床的正侧视图、床架与床面分离的侧视图，都可更清楚地看到这种四柱的床架与六柱床面檐柱构造的关系。（图 196—197）

朱金木雕八字窗式架子床和各式拔步床也无一例外。如朱金木雕飞檐八字门式架子床、朱金木雕飞檐垂柱围窗式八字门架子床,（图 198—199）以及两张极其经典的朱漆贴金木雕龙凤重檐垂柱拔步床、朱漆贴金木雕重檐围窗式拔步床,（图 200—201）结合这些床体的侧视图或分解图,（图 202—208）也都再次说明床架与前后，以及上下部分构造的组合方式及构造原理，充分地展现出朱金木雕架子床床架部分在构造中取得的科技成果。

图 199　朱金木雕飞檐垂柱围窗式八字门架子床侧视图（长 239 厘米，宽 153 厘米，高 213 厘米）

图 198　朱金木雕飞檐八字门式架子床侧视图（长 258 厘米，宽 182 厘米，高 248 厘米）

图 200　朱漆贴金木雕龙凤重檐垂柱拔步床侧视图（长 228 厘米，宽 228 厘米，高 236 厘米）

图 202　朱金木雕飞檐八字门式架子床正侧视图

图 203　朱金木雕飞檐垂柱围窗式八字门架子床正侧视图

图 204　朱漆贴金木雕龙凤重檐垂柱拔步床正侧视图

图 205　朱漆贴金木雕龙凤重檐垂柱拔步床正侧视分解图

图 201 朱漆贴金木雕重檐围窗式拔步床侧视图
（长 228 厘米，宽 300 厘米，高 249 厘米）

图 206 朱漆贴金木雕重檐围窗式拔步床正侧视图

图 207 朱漆贴金木雕重檐围窗式拔步床正侧视分解图之一

图 208 朱漆贴金木雕重檐围窗式拔步床正侧视分解图之二

2. 床面的构造

架子床床体正立面与床架连成一体而又相对独立的部分，就是一般所称的床面。所有床的正面，即迎面，均是朱金木雕各类床体最需要精心设计的“形象工程”，也是一个最讲究创意和体现价值的独特的构造部分。

朱金木雕架子床门面是在两根床柱之间，通过安装挂落、门罩或门窗等规范性的装饰部件，以及在上部装置垂柱和挂檐，顶上立飞檐打造而成的一个立面造型形体。这一构造，是漆木家具借鉴传统木构建造房屋的门面，犹如垂花柱门楼那样，把架子床床面按设计进行单独制造后，再与床架组装在一起，从而形成一种科学构造方法与艺术形式。（图 209—216）

聪明的匠师们根据设计要求，将门窗、门罩、挂檐的各种部件，如窗格、雀替、檐花板、檐撑杆等，经过分门别类的加工制作后，再通过组合进行安装完成这一构造，这不仅使工程的实施极为方便和安全，对朱金木雕架子床造型形体的建造也起到重要的作用。这在传统家具的造型艺术领域，是继传统古建筑架构

图 209　朱漆金彩木雕“玉燕投怀”重檐式四柱架子床（长 245 厘米，宽 176 厘米，高 245 厘米）

图 210　朱漆金彩木雕“玉燕投怀”重檐式四柱架子床床面侧视图

图 211 朱金木雕“桂馥兰芳”飞檐垂花柱式四柱架子床（长 252 厘米，宽 175 厘米，高 253 厘米）

图 212 朱金木雕“桂馥兰芳”飞檐垂花柱式四柱架子床床面侧视图

图 213 朱漆描画柱檐式八字窗式架子床（长 258 厘米，宽 162 厘米，高 222 厘米）

图 214 朱漆描画柱檐式八字窗式架子床床面侧视图

图 215 朱金木雕飞檐垂柱围栏踏板式架子床（长 341 厘米，宽 190 厘米，高 258 厘米）

图 216 朱金木雕飞檐垂柱围栏踏板式架子床床面侧视图

在中国家具领域的应用之后的一项前所未有的发明和创新，不仅给明清时期的朱金木雕架子床装扮、赋彩作锦上添花，也促使八字形门窗等及其他各类别具一格的造型式样出现，给中国明清时期架子床的发展开启了更加广阔的前景。

毫无疑义，明清时期的匠师们对朱金木雕架子床这一构造，倾注无限的聪明才智，施展无比精湛卓越的技艺，运用木作设计制造出了各种个性化的部件，经雕刻、髹饰、贴金、描绘、镶嵌等精心加工后，才创造出如此纷繁、光华，充满着富丽堂皇的民族风格和别具风采的艺术门类，成就了一件件不可多得的传世珍品。

尤其是各类重檐架子床，门面的形象显得格外地精致浩瀚，如朱漆贴金木雕重檐飞鸟垂柱围窗式拔步床、朱漆贴金木雕立檐围窗式拔步床，（图

图 217 朱漆贴金木雕重檐飞鸟垂柱围窗式拔步床（长 218 厘米，宽 262 厘米，高 225 厘米）

图 218 朱漆贴金木雕重檐飞鸟垂柱围窗式拔步床床面和廊正侧视图

217—220）其造型犹似一幢幢精美的小屋，与江南传统院落式住宅建筑的建构方式相映成趣。这些多层床檐叠加而成的架子床和重檐的拔步床，展现着比豪宅门楼有过之而无不及的美妙，加上题材丰富的图案纹样和浓郁鲜明的传统色彩，使明清两代的朱金木雕架子床，在我国传统家具的历史进程中，以科学性与艺术性的高度统一树立起了中国民族艺术形式的典范，在世界造物艺术史上独树一帜，获得了光彩耀眼的至尊地位。今天，其艺术造型、装饰式样和纹饰图案等，都可被辑录成为一部部极其精彩而生动的民间民俗文化的美丽历史画卷。

由此，我们面对一件件朱金木雕架子床的床面时不禁联想：在现代科学技术如此高歌猛进的时代，中国传统家具又将会开放出何等瑰丽的花朵，迎来如何光彩辉映的未来。

图 219　朱漆贴金木雕立檐围窗式拔步床（长 216 厘米，宽 230 厘米，高 255 厘米）

图 220　朱漆贴金木雕立檐围窗式拔步床床面和廊正侧视图

3. 床身的构造

床体下部承载上部床架的相对独立的部分称为床身，一般是指由腿足与前后两根床梃和左右横档接合后形成的一个框架形体。（图 221—224）前两腿足，上部很多雕刻狮子头，下端雕狮子爪。（图 225—226）

由于床身前面常与门窗构成床面形象的整体形式，故两腿足间常置牙板或牙条，有的还安装束腰，构成如“案式”或“桌式”等不同的造型式样。床身装饰有简有繁，都作镂空或精雕细刻的花纹图案，（图 227—233）并与床体在形制上保持整体协调；在艺术手法和风格上，也与床体上下呼应，和谐协律，并在多种多样的变化中充分地保持着统一的装饰效果。还有在床腿之间再增加设置横档，并装上包镶木板，形成类似台座的外立面，构成一种所谓“台式”或“箱体”型的床身。（图 234—236）

图 221　朱漆贴金木雕重檐“庆衍鑫斯”四柱架子床床身正视图

图 222　朱漆贴金木雕重檐“庆衍鑫斯”四柱架子床床身正侧视图

图 223　朱金木雕围栏式飞檐六柱架子床床身正视图

图 224　朱金木雕围栏式飞檐六柱架子床床身正侧视图

图 225　朱漆描画柱檐式八字门窗式架子床床身正视图

图 226　朱金木雕飞檐八字门窗式四柱架子床床身正视图

图 227 朱金木雕"太极"四柱架子床床身正视图

图 228 朱金木雕"狮子宫"飞檐四柱架子床床身正视图

图 229 朱金木雕飞檐垂柱式四柱架子床床身正视图

图 230 朱漆嵌木雕飞檐垂柱书对金联架子床床身正视图

图 231 朱金木雕飞檐落地罩"熊梦呈祥"八字门窗式架子床床身正视图

图 232 朱金木雕飞檐垂柱围窗式架子床床身正视图

图 233 朱漆木嵌立框檐画屏围式八字门窗式架子床床身正视图

图 234 朱金木雕四檐垂柱围式踏板架子床床身正视图

图 235 朱漆贴金木雕立檐围窗式拔步床床身正视图

图 236 朱金木雕飞檐书画围式百子床床身正视图

（二）架子床部件的设计艺术

我国古代家具的装饰艺术技艺水平，在明清朱金木雕花床上有着显著的突破，可以说是工匠们尽其所能地实现人们对物质和精神世界的追求。因此，从装饰的题材内容到表现形式，都取得了历史性的超越。

从百床藏品中，就可以看到那些精彩纷呈的构造部件设计，均如我国明清时期的建筑木构部件那样，非常完备，并在我国传统漆木家具上得到了广泛的继承和发扬。这些朱金木雕花床部件的装饰形式，在与内容巧妙的结合和运用中，对传统家具装饰艺术民族风格的进一步完善和弘扬起到了直接的作用。在这里，民族传统文化与民间民俗形态的相互通汇、融合一体，使我们更清晰而深刻地认识到，我国传统的工艺文化，只有根植于广大民间的造物活动中，才能产生更深远的意义，发挥更广泛的影响。朱金木雕架子床的各种装饰部件，主要可以归纳为十一个方面：挂檐；垂柱；撑杆、雀替；挂落；门罩；门窗；围屏、围窗；栏杆、栏板；结子；站牙、挂牙、角牙；匾额、联对等。

1. 挂檐

挂檐，如我国木构建筑物的屋檐那样，是装置在床架门面上半部位，向前伸展的“床檐”之总称。

在挂檐横杆顶上的被称为“飞檐”，形制设计为左右檐角上翘，并突出中间部位作对称式样。工艺几乎均采用木雕、朱漆和髹饰金彩等手法，还有进行描绘或镶嵌的。飞檐亦称“飘檐”。

挂檐的飞檐下，大多为层层叠加的复合式，是由许多程式化的装饰部件组合起来构成的，顾名思义，是架子床在床门上部悬挂着的一组结构装饰部分。挂檐的形式丰富多样，常以生动精巧的装饰手法和制作工艺，营造各种如梦似幻的美妙景象和富丽堂皇的形象效果。挂檐为两层的被称为“重檐”，多的有三层或四层，故朱金木雕架子床如垂花柱门楼一样，都呈现出极其鲜明的艺术特色，是我国传统家具中民族风格最直观而典型的一种形式。

各种处于床面高位部分的挂檐，尤其是重檐，主要的构件有垂柱、雀替、牙子、檐板、额楣等。这些规格和形制各不相同的部件，通过独到的设计和意匠去展现架子床特定的人文价值，其题材和内容十分广泛。不少重檐装饰的朱金木雕架子床，采用的工艺更是巧夺天工、精致豪华，甚至需要能工巧匠花费千日之工。故民间乡里的“千工床”成了江南地区广为流行而又最贵重的嫁妆家具。

（1）飞檐

在百床藏品中，各类架子床几乎皆采用飞檐构造来突出造型形象。这些典型的飞檐，让我们清晰地看到了明清时期“中国床”的一种标志性的民族符号。飞檐设在床架最醒目的顶部位置，刻画的纹饰内容，普遍是环绕吉庆、喜乐、婚情、家爱等主题，题材多取瑞兽珍禽、奇花异草、神仙故事等。（图 237—243）

其中在飞檐中央，还常常设计各种寓意性鲜明的图案或图像，如龙门、凤亭、狮子宫、鸳鸯阁、奎星楼等，

图 237 朱金木雕金龙飞檐垂柱踏板式架子床 飞檐

图 238 朱金木雕龙凤飞檐垂柱式四柱架子床 飞檐

图 239 朱金木雕飞檐垂柱式四柱架子床 飞檐

图 240 朱漆描画四柱架子床 飞檐

图 241 朱金木雕飞檐围栏式六柱架子床 飞檐

图 242 朱金木雕飞檐垂柱式四柱架子床 飞檐

图 243 朱金木雕“和合二仙”飞檐四柱架子床 飞檐

（图 244—250）进一步深刻地表达人们对生活理想的期盼和追求，也成为民俗文化和传统艺术的一种精神象征。

还有一些被直立安装在床顶横木之上，以分景形式为特征，或装裱书画或嵌镶图案纹样的“立檐”，它们的形象别具一格，富有崭新的时代特色。（图 251—255）

图 244 朱金木雕飞檐垂柱围窗画屏踏凳四柱架子床 飞檐中心图案

图 245 朱漆贴金木雕飞檐“鸾凤呈祥”四柱架子床 飞檐中心图案

图 246 朱金木雕金龙飞檐六匾踏板架子床 飞檐中心图案

图 247 朱金木雕飞檐垂柱式四柱架子床 飞檐中心图案

图 248 朱漆描画“双凤书亭”飞檐四柱架子床 飞檐中心图案

图 249 朱金木雕“双凤楼亭”飞檐垂柱式四柱架子床 飞檐中心图案

图 250 朱金木雕龙门飞檐垂柱式四柱架子床 飞檐中心图案

图 251 朱漆木嵌立框檐画屏围窗八字门窗式架子床 立檐

图 252 朱漆金彩嵌石立檐围窗拔步床 立檐

图 253 朱金木雕立檐垂柱围栏踏板架子床 立檐

图 254 朱漆贴金木雕立檐围窗拔步床 立檐

图 255 朱金木雕“鸾凤和鸣”圆洞门四柱架子床 立檐

（2）重檐

每一件重檐式的朱漆金彩木雕架子床都特别考究，几乎皆是匠心独运的高档作品。如朱金木雕四檐垂柱围窗式踏板架子床，（图 256）运用床面上重重叠加支撑的飞鸟垂柱，建构起了一张层层相叠、朱红金彩相间的重檐六柱架子床的壮丽形象。花卉、鸟禽、人物等装饰图案设计周详，形态生动，灿烂华丽，与一对由金凤和空灵透雕牡丹构成的挂落，及两边门窗共同组合而成的精湛门面同奏协律，和谐统一。这是一件庄重、气派、雄伟的六柱架子床，也是不可多得的优秀艺术作品。

在百床藏品中四大类架子床和拔步床中，有许多可圈可点的典型作品，如朱金木雕飞檐落地罩四柱架子床、朱金木雕四檐垂柱围窗式踏板架子床、贴金木雕垂柱重檐“五世其昌”拔步床。（图 257—259）这些作品的挂檐部分，高度地展现着朱漆彩金木雕架子床“重檐”的艺术水平及其珍贵的工艺文化价值。

图 256 朱金木雕四檐垂柱围窗式踏板架子床（长 230 厘米，宽 190 厘米，高 230 厘米）

鸣和凤鸾

图 257 朱金木雕飞檐落地罩四柱架子床（长 258 厘米，宽 182 厘米，高 275 厘米）

图 258 朱金木雕四檐垂柱围窗式踏板架子床（长 228 厘米，宽 183 厘米，高 242 厘米）

图 259　贴金木雕垂柱重檐“五世其昌”拔步床（长 220 厘米，宽 268 厘米，高 218 厘米）

2. 垂柱

古建筑中垂花门檐柱不落地，垂吊在屋檐下的称垂柱。明清架子床床檐下也同样悬垂各种垂柱，（图 260）且重檐的架子床的每一层都安有垂柱。（图 261）柱端常呈垂珠、花朵、花篮、飞鸟、人物、动物等，（图 262—267）类别丰富多样，雕刻生动，姿态神情不同。故许多架子床的门面，可与建筑的垂花门相媲美，造型精妙，景象华丽，是我国传统木作文化重要的文化遗产。

图 260 朱漆金彩木雕飞檐四柱架子床 垂柱

图 262 朱金木雕飞檐垂柱踏板式六柱架子床 花苞垂柱

图 265 朱漆木雕八字门窗式画屏架子床 花篮垂柱

图 263 朱漆描画柱檐式八字门窗式架子床 花苞垂柱

图 266 朱金木雕三檐垂柱围窗踏板式架子床 飞鸟垂柱

图 261 朱漆金彩木雕重檐四柱架子床 垂柱

图 264 朱漆贴金木雕飞鸟人物垂柱四檐“鸾凤和鸣”拔步床 花篮垂柱

图 267 朱金木雕飞檐垂柱四柱窗罩架子床 人物垂柱

3. 雀替 檐撑

朱金木雕架子床的雀替的形制与古建中的雀替有许多相似之处，一般设在檐柱与床架横杆、门楣的接合处，很多床面的横竖料交接点多会采用雀替或类似的部件来连接加固。雀替的设计独特、形式感鲜明、工艺精湛，是重檐架子床构造中特别显著且富有装饰作用的主要部件之一。（图 268—271）

檐撑的安装位置和作用与雀替几乎一致，但构件单纯、形式古朴，运用檐撑的床面会显得古朴、简明，富有各种别样的意味和审美趣韵。（图 272—273）

檐条板一般是用来连接垂柱区间的部件，更多的是重檐分隔承托间的特殊构件，装饰题材特别广泛，效果也格外醒目。（图 274—275）

还有些是以设计优美的牙角、花牙等形式，采用镂空等工艺制作的各种题材的构件，也都是在起到加固功能的同时，又增加一定的装饰作用。（图 276—278）

以上这些，都是床檐结构中的各种构造方法和部件形式，在床檐整体空间中具有十分特殊的功能意义，使床檐呈现出了丰富多彩的外观和面貌。

图 268 朱金木雕飞檐“百子图”围窗式八字门架子床 床檐雀替

图 269 朱金木雕飞檐嵌宝珠四柱架子床 床檐雀替

图 270 朱金木雕重檐“探花月”匾窗景式四柱架子床 床檐雀替

图 271 朱金木雕飞檐落地罩四柱架子床 床檐雀替

图 272 朱漆金彩嵌宝珠垂柱围窗重檐拔步床 床檐檐撑

图 273 朱漆贴金木雕飞檐“鸾凤呈祥”四柱架子床 床檐檐撑

图 274 朱漆金彩木雕三檐四柱架子床 床檐檐条板

图 275 朱漆贴金木雕重檐“庆衍螽斯”四柱架子床 床檐檐条板

图 276 朱金木雕飞檐垂柱围栏八字窗式架子床 床檐花牙

图 277 朱金木雕飞檐垂柱“玉燕投怀”四柱架子床 床檐牙角

图 278 朱金木雕飞檐门罩式四柱架子床 床檐牙角和雀替

4. 挂落

中国传统建筑中额枋下的一种构件，常用镂空的木格或雕花板做成，用作美化或划分空间，富有很强的装饰效果。在室内的挂落称“挂落飞罩”，两端的部位比一般的挂落稍有下垂；而“飞罩”的两端下垂更低，使两柱门形成拱门状。这种构件运用于朱金木雕架子床时则不分，皆称作挂落，是床门间与挂檐相互对应的特色构件。挂落安装在上部呈现悬挂的形式，故名“挂落”。

其主要形制常采用小木作工艺，有各式以榫卯构造的花格子挂落，有的还嵌有精致的结子纹样；更有的运用浅雕、拉空透雕、镶嵌贴金等装饰工艺。（图279—284）安装在喜气洋洋的婚庆嫁妆床上的许多挂落，以喜鹊登梅、鸳鸯戏花、瓜瓞连绵、鸾凤和鸣等为题材内容的最为常见；运用镶珠、涂金、朱漆、抹彩等工艺，均金光熠熠，一派吉祥如意氛围。（图285—288）在起着锦上添花作用的同时，都获得令人赞美的审美效果。

图 279 朱金木雕“太极”四柱架子床 挂落

图 280 朱金木雕飞檐垂花柱式四柱架子床 挂落

图 281 朱金木雕飞檐垂柱式四柱架子床 挂落

图 282 朱金木雕飞檐垂柱式四柱架子床 挂落

283 朱金木雕飞檐垂柱式四柱架子床 挂落

图 286 朱金木雕重檐垂花柱围屏架子床 挂落

284 朱金木雕飞檐垂花柱式四柱架子床 挂落

285 朱漆金彩嵌宝珠垂柱围窗重檐拔步床 挂落

图 287 朱漆金彩木雕重檐围窗拔步床 挂落

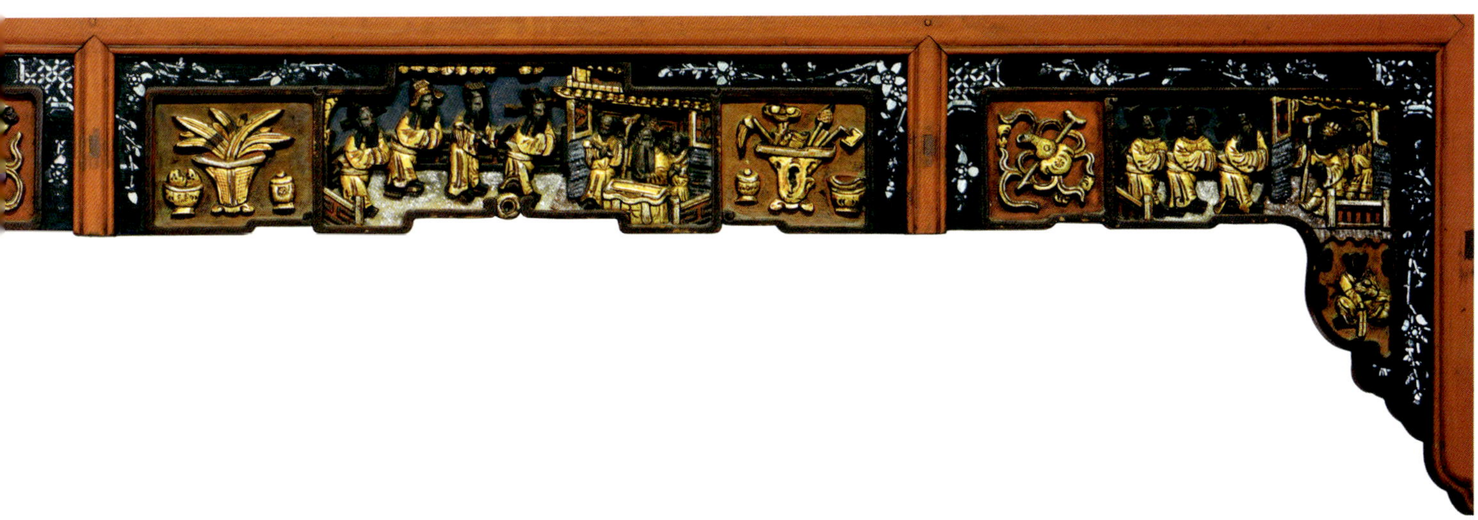

图 288 朱漆金彩木雕飞鸟四檐围窗架子床 挂落

5. 门罩

门罩是在床架的前角柱之间、挂檐下，与挂檐连接的一个装置。有所谓圆光式、月洞门式等形制，常见的是隔扇式和带有门围栏的落地罩、栏杆罩等形式，其装饰的意义是惹人注目，故多设计精美。门罩装饰题材广泛，内涵丰富，漆、木、雕工艺考究，许多架子床的门罩也是特具单独收藏价值的工艺品。（图289—293）

图 289 朱金木雕飞檐落地罩四柱架子床 门罩

图 290 朱金木雕飞檐落地罩四柱架子床 门罩

图 291 朱金木雕飞檐落地罩“玉燕投怀”四柱架子床 门罩

图 292　朱金木雕“龙亭庆宴”飞檐圆洞门围窗四柱架子床 门罩

图 293　朱金木雕立檐“鸾凤和鸣”圆洞门四柱架子床 门罩

6. 门窗

床柱内侧立门窗，是朱金木雕架子床门面重要的构造部件，其形制源于建筑的长窗、格扇等装置，形式多样，在统一中求变化，窗棂、裙板、抹头、窗框之类都可起到相应的装饰作用。门窗的直观性具有独特的效果，其装饰的题材和内容几乎应有尽有，明清戏曲人物故事、历史传统事件、珍禽瑞兽、树木花草、山水庭园、吉祥图案等，都以民间喜闻乐见的艺术语言和表现手法，在这里得到广泛传播。这些门窗深刻地反映了明清时期在江南地区最兴盛而普及的民俗礼仪、民间文化和审美情趣，使我们集中地体会到了我国民族传统思想、传统文化的魅力。（图 294—299）

图 294　朱金木雕飞檐垂柱式四柱架子床 门窗

图 295　朱金木雕飞檐垂柱式四柱架子床 门窗

图 296 朱金木雕飞檐垂柱式四柱架子床 门窗

图 297 朱漆贴金木雕飞鸟人物垂柱四檐“鸾凤和鸣”拔步床 门窗

图 298 朱金木雕飞檐垂花柱式四柱架子床 门窗

图 299 朱金木雕重檐三匾四柱架子床 门窗

7. 围屏 围窗

架子床在左右床柱与后柱，及两后柱之间常装置一扇扇相连接的围窗或围屏，由此使床体内构成一个比较私密的空间。由于朱金木雕架子床特定功能的要求，围窗、围屏也均形制多样，装饰考究。围窗小木作十分细致精到，工艺手法灵活。有的窗棂装嵌精美的结子，有的进行精雕细刻，都显得十分精巧华丽。（图 300—301）各式围屏上常画有花鸟、山水、人物等民俗图画，也是大众喜闻乐见的题材，透着一股清晰的时代气息，其中在一张民国时期的架子床的围屏上，还有两幅时尚的月份牌广告的画面。（图 302—306）拔步床廊间的左右两端还装有十分精美的景屏，为这些拔步床增添了浓郁的艺术气氛。

图 300 朱金木雕四檐垂柱围窗踏式架子床 围窗

图 301　朱金木雕飞檐书画围屏百子床 围屏

图 302 朱漆木雕八字门式画屏架子床 围屏

图 303 朱金木雕重檐垂花柱围屏架子床 围屏

图 304 朱金漆木雕五檐围窗喜鹊登梅踏凳式架子床 花鸟屏

图 305　朱金漆木雕五檐围窗喜鹊登梅踏凳式架子床 山水屏

图 306　朱金漆木雕喜福飞檐画屏围窗踏板式架子床 围屏

8. 围栏

朱金木雕架子床围栏装饰一般采用栏杆或栏板，主要安装在床身周围，即床身的后背及左右，栏杆的构造形式常用单位纹样连缀组成，如运用“兜料”攒接成的各种连缀式样的栏杆。其中传统棂格式窗景变化产生的式样有曲尺式、上下凹凸连式，又有直连式、斜连式或十字连接以及四合如意云纹等，形象均简洁明快、格调疏朗清雅。（图 307—313）栏板则以装框镶板的方式为多，尤似明清榻的“围板”形式。（图 314—317）

民间工匠发挥传统的漆木技能，因材施艺。运用不同手法设计制作的各种栏杆或栏板式样，几乎很少有雷同，不仅丰富了架子床的形体造型，还给今天的人们留下了许多别开生面的部件资料。这些围栏装饰尽管时代早晚不一，却都以一种共同的传统文化气息使我们感受到中国漆木家具这一装饰领域中折射出的共同艺术特点。从造物意义上来说，这些部件都是被规范化的形式语言，在民族传统艺术中表现出持久的生命力，也更发人深省。这些形式语言对于今天人们如何去进一步理解和继承中国家具的民族风格，往往会有很多更深刻的借鉴意义。

图 307 朱金木雕飞檐八字门式四柱架子床 围栏

图 308 朱漆描画四柱架子床 围栏

图 309 朱金木雕飞檐垂柱窗罩四柱架子床 围栏

图 310 朱金木雕飞檐垂柱围栏式四柱架子床 围栏

图 311 朱金木雕金龙飞檐垂柱踏板式四柱架子床 围栏

图 312 朱金木雕“太极”四柱架子床 围栏

图 313 朱漆贴金木雕重檐“熊梦呈祥”四柱架子床 围栏

图 314 朱金木雕飞檐垂柱式镶蓝色宝珠四柱架子床 围板

图 315 朱金木雕“鸾凤和鸣”圆洞门四柱架子床 围板

图 316 朱漆描画柱檐式四柱架子床 围板

图 317 朱金木雕飞檐门罩式四柱架子床 画屏围板

9. 结子

结子，北方人称“卡子花”，是木块经雕刻后嵌在横料、竖料或斜料之间的一个特殊装饰件。在宋明时期建筑的格窗上就早已普遍应用，明清时期在家具上多用它作为起固定和支撑作用的一个特色部件，且结子单纯醒目，五彩缤纷，常表现出特殊的装饰作用。（图 318—319）

朱金木雕架子床上结子常见的有几何纹样、动植物纹样和人物纹样等。如双圈结，或称“套环式”，其纯素圆浑、形体丰润；方胜、百结，套接自然，灵活自如。（图 320—321）这些最富传统形式特征的图形，成为一种格律化的传统图像标记，经过连续、环接、转换等不同形式的巧妙设计，还能产生出更多新颖别致的结子作品。（图 322—327）

许多结子作品几乎就是一个个独立的装饰小件，有花果题材的，常作上下对称或左右均齐式，一花一果皆清新不俗。（图 328—333）灵芝纹样在明清家具中占有特殊地位，图中这件金色灵芝图案造型的结子成为特别优秀的一件作品，从中可感受到民间工匠不同的意匠和追求的种种审美情趣。（图 334）瑞禽、动物纹等结子平衡匀称、姿态稳健、造型生动、寓意深刻，能予人赏心悦目的形式美感。（图 335—340）在藏品中还有些取材黄杨木，刻意求新，殚精竭虑地将结子雕刻成一件相对独立的工艺作品，因此成了浙江地区清代家具结子装饰的一大特色。从画面构图到形象刻画，都常能达到出神入化的地步。

清代中晚期后的结子日趋繁复，雕琢精美，无论是花卉果实、虫草鸟兽，还是戏曲人物，更是喜欢以多为胜，讲究所谓“闹猛”，有“看头”。故工匠千方百计精雕细刻，使结子成为家具中一种特别的装饰类别。（图 341—342）还有的在朱金木雕架子床家具上制作成套装饰结子，内容相互呼应，多至十几处，极具观赏性。

其中，在方寸大小的结子上圆雕婴戏或人物故事内容的，在浙东地区常称之为“小插人”的装饰件，形制大多相

图 318 朱金木雕四檐飞鸟垂柱围窗踏板式六柱架子床 门窗结子装饰

图 319 朱漆描画柱檐式八字窗架子床 门窗结子装饰

图 320 朱金木雕立檐垂柱围屏式八字窗架子床 双圈结子

图 321 朱金木雕重檐垂花柱落地罩围栏四柱架子床 三连环结子

图 322 朱金木雕飘檐垂柱围窗式架子床 连心套结子

似，题材内容大多是神仙圣人、英雄人物和男女情爱故事、民间传说。（图 343—345）这些金色“小插人”，都是古代匠师经过精心设计、雕琢、打磨、揩漆、贴金、彩绘等诸多程序完成的。“小插人”一般出现在架子床的挂落、门罩、檐板的上端和两侧。“小插人”尺寸小，“插”字则充分地说明了它的装配工艺，能在床上随时插上卸下。题材充满着吉祥如意、喜庆欢乐的氛围。“小插人”留传到现在，很多都已经成为民间珍爱的艺术收藏作品。

图 323　朱漆木嵌框景立檐式垂花柱架子床　绞藤结子

图 324　朱漆金彩嵌宝珠垂柱围窗重檐拔步床　嵌珠花结子

图 325　朱漆贴金木雕人物狮子垂柱四檐围窗拔步床　嵌珠花结子

图 326　朱金木雕飞檐垂花柱围栏式四柱架子床　玉璧结子

图 327　朱金木雕景框式立檐垂柱围栏八字窗式架子床　床身前脚横档间结子

图 328　朱金木雕飞檐垂柱式四柱架子床　卷草开花结子

图 329　朱金木雕狮宫飞檐四柱架子床　荔枝结子

图 330　朱金木雕飞檐“双狮座”四柱架子床　金彩石榴结子

图 331　朱金木雕四檐飞鸟垂柱围窗踏板六柱架子床　金彩甜瓜结子

图 332　椐木嵌骨拔步床　门窗花杆上的灵芝结子

图 333　朱漆木雕飞檐四柱双窗双罩架子床　灵芝结子

图 334　朱漆立框檐画屏围窗八字门窗式架子床　金彩灵芝结子

图 335 朱金木雕飞檐垂柱门罩式四柱架子床 金凤飞翔结子

图 336 朱漆贴金木雕重檐“庆衍螽斯”四柱架子床 花鸟结子

图 337 朱金木雕双门窗“熊罴入梦”匾架子床 狮子戏球结子

图 338 朱漆贴金木雕重檐双匾四柱架子床 花蝶结子

图 339 朱金木雕飞檐垂柱门罩式四柱架子床 “富贵福到”结子

图 340 朱金木雕飞檐垂柱门罩式四柱架子床 金蝙蝠结子

图 341 朱漆贴金木雕重檐“庆衍螽斯”四柱架子床 飞蝶结子

图 342 朱金木雕飞檐垂柱栏屏式四柱架子床 折枝牡丹花结子

图 343 朱金木雕飞檐四柱长窗罩架子床“小插人”

图 344 朱金木雕飞檐四柱长窗罩架子床“小插人”二件

图 345 朱金木雕飞檐门罩式四柱架子床“小插人”二件

10. 站牙 挂牙 角牙

被冠以“站”“挂”“角”之名称，已说明这些部件在家具形体中所处的位置，它们在各种横竖构造的交接处，既增强了形体构架的牢固性，又各自起到了装饰美化的作用。

站牙，常以直立的方式连接在架子床立柱、竖杆的前后或两侧，与平行在床体上的横木相接合，是一种形式感非常突出的装饰部件。(图 346—348)

挂牙，一般是指上宽下窄，纵边长于横边的下垂式牙子，一般用于垂柱两侧、飞檐两端、床梃两边与床脚相交处的位置等。这类牙子的支撑作用并不重要，更多的是为了装饰美观，是明清时期各类家具上比较规范的一个装饰部件。(图 349—351)

角牙，江南匠师称为“插角”，是应用最广泛的一种牙子。因大小、形式、部位等不同，有些又有专门的称谓，如“托角牙”“倒挂眉”“脚牙”“弓背牙”“椟格”等。各式各样的角牙，装饰意义并无多大的差别，它们都在合乎装饰的法度和规律中，以别出心裁的艺术匠心，在家具形体中起到了某一方面的装饰作用。(图 352—354)

图 346 朱金木雕“鸾凤和鸣”圆洞门四柱架子床 站牙

图 349 朱金木雕“龙亭庆宴”飞檐洞罩围窗四柱架子床 挂牙

图 347 朱金木雕飞檐垂柱门罩式四柱架子床 站牙

图 350 朱金木雕“鸾凤和鸣”圆洞门四柱架子床 挂牙

图 348 朱金木雕重檐垂柱围屏式八字门架子床 站牙

图 351 朱金木雕飞檐垂柱圆门落地罩四柱架子床 挂牙

图 352 朱金木雕飞檐垂柱围窗式架子床 角牙

图 353 朱金木雕飞檐垂柱栏屏式四柱架子床 角牙

图 354 朱金木雕飞檐垂柱踏凳式四柱架子床 角牙

11. 匾额

匾额是指装置在床门或挂檐上，示意架子床名称和性质，表达传统理义、情感之类的题字牌。匾一般呈长方形，也有像摊开的书卷或卷轴样的、折扇面形的和叶片状的。（图 355—357）匾名大多由名人或书家题写，制作工艺多为木雕，并加以朱漆或贴金。有的边框还装饰有精美的花边图案，十分精细入微，寓意深刻。加上周围各种构件的相互烘托，无不彰显着浓浓的文化气息，在花团簇锦中独具风采，别开生面。（图 358—361）

尤其是用于结婚、寿庆等的豪华的礼仪性喜床，门面正中上方的匾额是必不可少的。有的还采用上下匾、左右匾等形式，给主人家的门第增添了浓烈的喜庆色彩和浓重的书香气息。

从匾额形象上看，除题字外还有很多花式和类型，如有雕花鸟、瑞兽的，刻神仙人物故事的，在一件件光彩辉煌的架子床上，成为中国床装饰领域中独特的妙招和名副其实的民间艺术语言，也是弘扬民族文化直接而生动的写照。“天作之合”“鸾凤和鸣”“吉梦征兰”“桂馥兰芬”“熊罴入梦”“麟趾呈祥”“螽斯衍庆”“探花月窟”等匾文，无一不传递了主人的心灵世界，也有凭借书画的内容和艺术形式，起到陶冶情操，增加文化气息，或示意祝愿、祈求家庭生活美满幸福的作用。（图 362—372）

在百床藏品中的一件朱金木雕金龙飞檐踏板架子床上，大小匾额竟然出现六处，以不同的意情、文字、图形和工艺装饰，不仅展现出了广泛深厚的艺术文化内涵，更以精妙绝伦的方式展现了人生的广阔天地。（图 373—374）

图 355 朱金木雕四檐垂柱“男似于文”围窗踏板架子床 金字匾

图 356 朱漆贴金木雕重檐双匾四柱架子床 金字卷轴匾

图 357 朱金木雕三檐垂柱围窗踏板架子床 金字扇面匾

图 358 朱漆贴金木雕重檐双匾四柱架子床 卍字底纹“鸾凤和鸣”金字匾

图 359 朱金漆木雕五檐“喜鹊登梅”围窗床罩踏凳八字门式架子床 红底“鸾凤和鸣”金字匾

图 360 朱金木雕飞檐嵌宝珠四柱架子床 “螽斯衍庆”金字匾

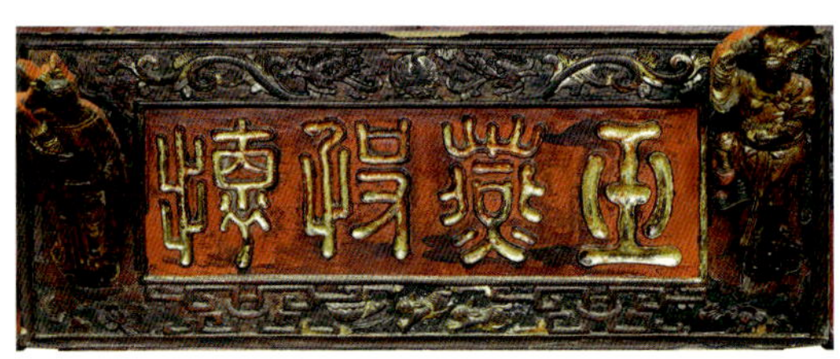
图 361 朱金木雕重檐垂柱围栏四柱架子床 夔龙双兔边纹金字匾

图 362 朱金木雕重檐“探花月窟”四柱架子床 双鸟瑞兽边纹金字匾

图 363 朱金木雕飞檐垂柱“玉燕投怀”四柱架子床 嵌蓝宝珠红匾

图 364 朱金木雕四檐垂柱围窗踏板架子床“情联鸾凤”金字匾

图 365 朱金木雕飞檐书画围窗百子床“吉梦征兰”金字匾

图 366 朱金木雕金龙飞檐垂柱“吉梦征兰”踏板式架子床“吉梦征兰”金字匾

图 367 朱金木雕双门窗“熊罴入梦”匾架子床 金字匾

图 368 朱金木雕飞檐落地罩“熊梦呈祥”四柱架子床 双匾式

图 369 朱漆金彩木雕重檐四柱架子床 双匾式

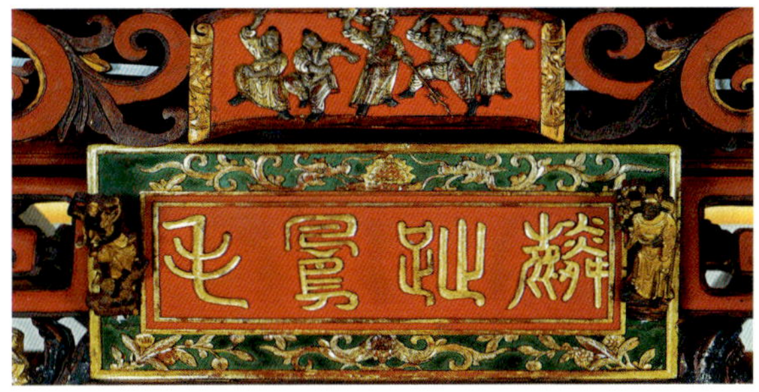

图 370 朱金木雕飞檐八字门式四柱架子床 双匾式

图 371 朱金木雕飞檐垂柱式“麟趾呈祥”四柱架子床 双匾式

图 372 朱金木雕飞檐联架子床 三匾列式

图 373　朱金木雕金龙飞檐六匾踏板架子床　六匾列式

图 374　朱金木雕金龙飞檐六匾踏板架子床（长 283 厘米，宽 200 厘米，高 276 厘米）

三、百床精湛的木雕工艺和灿烂的朱漆金彩工艺

明清朱金木雕家具是不同于那个时代迅速发展起来的硬木家具，又与明清漆器家具相区别的一个门类，一般称之为“漆木家具”，其中以朱漆、贴金、木雕的架子床最典型、最具代表性。我国几千年世代流传下来的传统家具，大多是在原本白木材料的家具上，作髹漆和描绘的一种漆饰家具。由于朱金木雕架子床家具形体的构造和装饰的部件很多都类似传统木构建筑，加上传统婚俗礼仪等社会和文化功能的要求，故在大量地运用传统木雕、朱漆、金彩等工艺方面为我们积淀下了许许多多的资料，成为一份十分珍贵的非物质文化遗产。

（一）木雕

木雕在明清家具装饰中应用十分普遍和广泛，常用的工艺手法有线雕、铲地浅雕、阴阳额、浮雕、锦地浮雕、深浮雕（高浮雕）、透雕、双面透雕、镂雕、立雕（悬雕）和刻字、刻画等十多种。

这些木雕工艺皆是朱金木雕家具作品的基本工艺属性，工匠们都是运

图 375　朱金木雕飘檐垂花柱式四柱架子床 横额雕刻人物

用这些雕刻技艺，或镂凿或刻挖，或虚实相间，高低起伏，表现出各种形式、形象生动的图案或画面，再根据架子床的不同部位和构件赋以漆作，贴金、泥金，或加饰描绘，或作镶嵌等，从而使产品呈现出金彩灿烂、光亮耀目的装饰效果，表现出独特的艺术魅力。这些丰富多样、精彩的传统技艺在朱金木雕架子床上应用最为突出，常常在雕刻形体的变化中，展现出气象万千的动人面貌。许多流传下来的花鸟、山水、人物图案，在我国工艺美术史上都是不可多得的艺术杰作。

应用于朱金木雕架子床的这些木雕作品，最讲究的是民间常采用的所谓“京班体”构图，以一种立体化的效果，将近景、中景和远景处理在同一平面上，但画面前景不挡后景，层次分明，整个画面充实饱满，井然有序。这与传统画中的所谓“丈山、尺树、寸马、分人”的比例概念绝然不同，往往人马大于房屋建筑。在一块不大的木板上，常是根据故事内容需要突出人物或景象，如以石块和树木来表示一座山，有鸟或有云即示意天空，有景为陆地，有船为江河，特别富有想象力和意味性，是一种极具装饰性的民间艺术形式。诸如“美女无肩，老爷凸肚，武士挺胸”这些程式化的表现手法，也使得传统朱金木雕妙趣无穷。这些民间匠师运用精湛的技艺，创造出了至今依然令人赞赏和崇尚的传统艺术语言和经典式样。（图 375—379）

图 376　朱金木雕重檐垂柱围屏八字门式架子床门窗雕刻人物

图 377　朱金木雕垂柱落地门罩“麒麟送子”四柱架子床 横额雕刻人物

图 378　朱金木雕飞檐垂柱四柱窗罩架子床 檐撑雕刻人物

图 379　朱金木雕“太极”四柱架子床 横额雕刻人物

1. 立雕

立雕，有的亦称圆雕、悬雕。如朱金木雕架子床的垂柱、雀替、檐撑等构件，常取立雕工艺制作。（图 380—388）由于这些构件设置在床檐内，常是处于凌空或具有独立形态的部件，故雕刻都取立体的形式，讲究上下左右的视觉效果。这些部件很多与古建筑相应的装饰件是十分相似的，或者说是它们在朱金木雕架子床上的传承和应用，故而设计上比较讲究章法，传统特征显著。立雕雕刻题材广泛，工艺制作十分规范，需要突出内容的整体感和艺术特色，故而雕件形象醒目，立体效果清晰，从各个角度都呈现出一种很强的表现力和独特的形态。

图 380　朱金木雕重檐双匾四柱架子床　雀替立雕人物

图 381　朱金木雕飞檐落地罩四柱架子床　雀替立雕人物

图 382 朱金木雕重檐垂柱墨道人题词八字门式四柱架子床 檐撑立雕人物

图 383 朱金木雕飘檐落地罩“熊梦呈祥”四柱架子床 檐撑立雕人物

图 386 朱金木雕三檐垂花柱围窗踏板架子床 雀替立雕垂狮抱球

图 384 朱金木雕垂柱落地门罩“麒麟送子”四柱架子床 横额立雕人物

图 385 朱漆贴金木雕人物狮子垂柱四檐围窗拔步床 雀替立雕人物

图 387 朱金木雕飞檐围栏式六柱架子床 门罩柱头立雕坐狮

图 388 朱金木雕八仙飞檐四柱架子床 门罩柱头立雕莲花坐狮

2. 透雕

透雕无光地，是一种作透空的浮雕手法。透白漏空，以虚充实，使浮雕图案画面玲珑剔透，更加明丽醒目，是明清家具常采用的雕刻形式之一。根据部位要求，只在雕件正面雕刻花纹的俗称“雕一面”，（图 389—393）正背雕刻的称作“两面雕”。“两面雕”的花纹常常一正一反，工艺效果也大致相同，常是根据部件的需要来设定一种特定部位的构件。（图 394—395）

平面上的透雕，一般先采用“线弓”（钢丝锯）按图样把花地拉空，再进行花纹雕刻加工而成，民间俗称“拉空花板”。立体形的透雕是以镂雕技术为基础，再根据设计要求来施展各种技法，也有在画面上一层或多层镂挖的，表现出形体特殊的装饰效果和艺术形象。

所称双面透雕的，则与一般的“两面雕”不同，亦可称“镂雕”，其正背两面的花纹不重复翻制，而是物象正与背的关系，若正面为盛开的花朵，背面即花托枝干相连，结构清晰。正面有丽鸟，鸟后为花叶，背面则是鸟在后，花叶在前，包括透空的截面也施刀雕镂，使整幅图案玲珑剔透，形象生机盎然。用刀似用笔，宛如一幅秀润美丽的花鸟画，是透雕工艺中的经典之作。

图 389 贴金木雕垂柱重檐“五世其昌”拔步床 檐撑透雕松鹤童子图案

图 390 朱漆金彩嵌宝珠垂柱围窗重檐拔步床 挂落透雕瓜瓞绵绵图案

图 391 朱漆贴金木雕重檐垂柱门围窗拔步床 透雕凤凰牡丹装饰件

图 392 朱金木雕戏剧人物飞檐垂柱四柱架子床 绦环板透雕双凤纹饰

图 393 朱金木雕龙门飞檐垂柱式四柱架子床 透雕梅花图案

图 394 朱金木雕重檐八字门式四柱架子床 两面雕花篮正面

图 395 朱金木雕重檐八字门式四柱架子床 两面雕花篮背面

3. 浮雕

浮雕是在一个平面上施展深浅起伏雕刻的图案画面，如朱金木雕架子床的门窗、牙板、围屏等部件上有许多优秀的浮雕作品。（图 396—398）浮雕可分浅浮雕和深浮雕两种，但深浅之分是相对而言的，深浮雕的深浅之间相差较大。有的还可在一处运用加塑的方法，雕刻后再在局部图像上面镶嵌雕件，实现高出原有整件的效果，近似半立雕的形式，如将一朵主花凸起而增强立体感。

图 396　朱金木雕飞檐垂柱踏凳式四柱架子床　横额花板浮雕人物故事纹之一

图 397　朱金木雕飞檐垂柱踏凳式四柱架子床　横额花板浮雕人物故事纹之二

还有一种铲地深浮雕，是将某些部分用开光的手法去地，雕刻出的纹饰大多有完整的外形，图案比较规整。以虚映实，形象突出而又有新意。（图 399）

图 398 朱金木雕飘檐垂花柱围栏式四柱架子床 床围花板浮雕人物图案

图 399 朱漆嵌木雕立檐垂柱书对金联架子床 结子铲地深浮雕花鸟图案

4. 平地实雕

俗称铲地浅雕，铲地是沿纹饰轮廓线，将外地挖低铲平，使图案纹饰薄薄高出一层的雕刻手法。(图400—403)有的取古玉浮雕形式，可呈古朴素雅之美。有些花卉、鸟雀、山水、风景等题材的装饰件常起平地后再表现浅雕的形式，有简明利爽的效果，图案常常富有浓郁的诗情画意。(图 404—406)

图 400　朱金木雕飞檐垂柱围窗式八字门架子床 横额平地实雕人物故事图案之一

图 401　朱金木雕飞檐垂柱围窗式八字门架子床 横额平地实雕人物故事图案之二

图 402　朱漆贴金木雕飞檐“三星高照”围屏踏步床 平地实雕蝙蝠云纹图案

图 403　朱漆金彩木雕檐围窗拔步床 平地实雕瑞兽图案

图 404 朱金木雕鸾凤双栖门窗嵌珠四柱架子床 门窗横板平地实雕梅花图案

图 405 朱漆飞檐垂柱书画四柱架子床 平地实雕兰花图案

图 406 朱漆贴金木雕重檐垂柱门围窗拔步床 额匾平地实雕风景图案

5. 线雕 线刻

线雕手法是在平地以凸起的阳线塑造图案画面，以线纹遒劲、图形隽永秀丽的表现形式产生审美效果的工艺手法。通常在平面轮廓内加刻线描的手法来塑造形象，表现细节特征，由于朱漆、金彩与木雕结合，线雕手法的灵活运用，可使许多富有情节的画面内容得到更充分的刻画和表现。如一些作品布满细如游丝的线纹，细密自如，匀称流畅，画面格外醒目。（图 407—408）还有一些作品全部采用线刻手法来描绘，简繁不一，各具特色。（图 409—410）

运用线雕线刻工艺，可以很精彩地刻画各类书画作品，画面常以书画为粉本，以线雕工艺进行仿刻摹写，能表现出一种有别于其他木雕技能和手法的不同效果。藏品架子床上常运用名人书画题材作装饰，或以古代画作雕刻题词写款，或雕刻古人诗词并配上一幅幅绘画作品，使这些架子床呈现出浓郁的文人气息，以及生活中追求的诗情画意和雅趣。这些木雕作品制作工艺讲究精致清新，形式丰富多样，备受时人的追捧和喜爱。（图 411—414）

图 407 朱金木雕飞檐垂柱四柱窗罩架子床 牙板平地起阳线几何纹

图 408 朱金木雕飞檐垂柱围窗式架子床 牙板平地起阳线蝴蝶纹

图 409 朱漆贴金木雕立檐围窗拔步床 围窗裙板线刻博古纹样

图 410 朱金木雕重檐三匾四柱架子床 线刻牡丹纹

图 411 朱金木雕飞檐垂柱画屏四柱架子床 门额花板线刻人物故事纹样

图 412 朱漆嵌螺钿雕书画飞檐垂柱圆洞门八字窗式架子床门额花板线雕古人诗词之一，唐元稹《春晓》：半欲天明半未明，醉闻花气睡闻莺。猧儿撼起钟声动，二十年前晓寺情

图 413 朱漆嵌螺钿雕书画飞檐垂柱圆洞门八字窗式架子床门额花板线雕古人诗词之二，唐元稹《莺莺诗》：依稀似笑还非笑，仿佛闻香不是香。频动横波娇不语，等闲教见小儿郎

图 414 朱漆嵌螺钿雕书画飞檐垂柱圆洞门八字窗式架子床门额花板线雕古人诗词之三，唐白居易《和梦游春诗一百韵》（节选）：昔君梦游春，梦游仙山曲。恍若有所遇，似惬平生欲。因寻菖蒲水，渐入桃花谷。到一红楼家，爱之看不足

（二）朱漆金彩

朱漆和贴金工艺在中国已有几千年的历史，两种都是十分古老而神圣的传统匠作文化。汉代卫宏在《汉旧仪》中说:“丞相，听事阁曰黄阁，不敢洞开朱门，以别于人主，故以黄涂之，谓之黄阁。”官署不漆朱红，以区别于天子。由此可见，朱漆大门，曾是至尊至贵的标志，不好随便使用的。朱户甚至被纳入“九锡”之列，所谓九锡，是指天子对于诸侯、大臣的最高礼遇，即赐给九种器物。《韩诗外传》中提到，诸侯之有德，天子锡之。一锡车马，再锡衣服，三锡虎贲，四锡乐器，五锡纳陛，六锡朱户，七锡弓矢，八锡铁钺，九锡秬鬯，谓之九锡。由此，朱漆家具也早被视为社会等级制度的标志，比黑漆家具要高尚，到明清时期更成为家庭荣华富贵和社会地位的一种象征。

黄金是最能展现富贵的物质，古代皇室、达官贵人们为了彰显自己尊贵的身份，喜欢用金玉作为装饰品，而精致、高档的家具也就渐渐地涂金嵌玉。早在唐宋时期，智慧的匠师们就发明了贴金箔这门工艺手法，精美奢华的贴金箔家具由此诞生。还有的工艺采用金的粉末，加在油漆内再刷于表面，产生了所谓的涂金或泥金。

生漆是从漆树割取的天然液汁，主要由漆酚、漆酶、树胶质及水分构成。用它作涂料，有耐潮湿、耐高温、耐腐蚀等特殊功能，并且可以配制出不同色漆，光彩照人。它是制造朱漆的主要原材料，也是金彩工艺不可或缺的配料。

1. 朱漆

古代朱漆工艺在中国文化传统中有着重要地位，是中国古代高超技艺的代表之一，这在一定程度上可以帮助人们进一步认识到朱漆金彩木雕架子床在历史传统中的社会意义和价值。运用这一工艺制造特殊环境和生活中的家具，其产生的过程就蕴含了深厚的历史内涵和人文精神，从而使我们更清晰地认识到人类造物活动中的文化意义和潜在的客观规律。

明清时期，朱漆的原料主要是大漆、朱砂，也有膏胶、汞和银珠等。从漆树中提取的生漆，需经数月或数年时间的“熟化”。朱砂是天然矿物颜料，质量差别较大，制作朱漆时都选用上等的优质生漆。

在做朱漆前，先要将部件打底漆，再进行打磨。有些在底漆上再贴上纤维素薄纸，使其附着干燥后再涂漆，并用砂纸打磨，直至打磨光洁平整，然后再上朱漆。朱漆几经漆工的修磨、刮填，再加以上彩、贴金、描花。故历来有“三分雕刻，七分漆匠”之说，这不仅是朱金木雕艺人的经验总结，更是对传统朱漆工艺美术的高度崇尚和赞誉。（图415—416）

我们可以看到，一张张朱金木雕架子床呈现着鲜红光彩，历经几百年仍然气宇轩昂，在喜庆的环境中，更会展现出欢快热烈的气场，充分地诠释着它在特定历史时期的完美形象和特殊的功能意义、文化价值。（图417—418）

图417　朱金木雕飞檐垂柱式镶蓝色宝珠四柱架子床（长249厘米，宽192厘米，高249厘米）

图418　朱金木雕飞檐垂柱式四柱架子床（长245厘米，宽165厘米，高222厘米）

图415　朱金木雕飞檐垂柱式四柱架子床　朱漆木雕雀替垂狮抱球之一

图416　朱金木雕飞檐垂柱式四柱架子床　朱漆木雕雀替垂狮抱球之二

2. 贴金

各类架子床装饰部件经雕刻完成后，不论是刷朱漆还是贴金，首先都需要对雕件等进行磨光处理。这一步骤通常使用砂纸、砖瓦片等，将表面的毛边和瑕疵打磨平滑，使“白坯”表面呈现出光滑的质感。雕刻成的各种人物、动植物等图案花纹，在应用贴金时，或结合沙金、描金等工艺手段，然后再涂上传统的大漆。（图 419—427）自古以来，金箔的配方和贴金箔的绝技都是密不示人的，因此，人们很难想象如何将黄金打造成薄如蝉翼的金箔，又如何将薄如蝉翼的金箔贴饰在各种物体上。今天贴金箔的工艺已很不相同，但仍需要我们继续探索，加强对传世实物的整理和研究，取其精华，发扬光大。

图 419 贴金木雕垂柱重檐“五世其昌”拔步床 贴金装饰场景人物图案

图 420 朱漆金彩木雕围窗式三檐踏板六柱架子床 贴金装饰场景人物图案

图 421 朱金木雕四檐垂柱围窗式踏板架子床 贴金人物图案

图 422　朱金木雕飞檐落地罩四柱架子床 雀替木雕贴金狮子

图 423　朱漆贴金木雕人物狮子垂柱四檐围窗拔步床 雀替木雕贴金太少狮

图 424　朱金木雕飞檐落地罩八字门四柱架子床 飞檐贴金佛手适合图案

图 425 朱金木雕三檐垂花柱围窗踏板架子床 门窗绦环板贴金花鸟纹样

图 427 朱漆金彩木雕重檐围窗拔步床 重檐贴金装饰

图 426 朱金木雕三檐垂花柱围窗踏板架子床 门窗绦环板贴金景观纹样

（三）镶嵌

1. 嵌螺钿 洒钿屑

嵌螺钿是最古老的装饰工艺手法之一，在明清时期的漆木家具中留下了许多极其优秀的作品，不仅工艺手法多样，构成的图案花纹也格外丰富多彩。在各类朱金木雕架子床上，嵌螺钿以其独特的面貌，取得了许多新颖的形式变化。根据各种不同的需要，工匠们采用十分巧妙的表现形式和工艺语言，赋予作品相应的装饰风采。朱金木雕架子床的螺钿工艺常以花卉、山水、昆虫、文字等不同题材和内容，构成花边和边框纹样等，在图案组合中表现出相辅相成的装饰效果。（图 428—440）

图 428　朱金木雕飞檐垂柱画屏四柱架子床 螺钿折枝花纹之一

图 429　朱金木雕飞檐垂柱画屏四柱架子床 螺钿折枝花纹之二

图 430 朱金漆木雕飞檐垂花柱画屏围窗式架子床 门额花板螺钿折枝花纹

图 431 朱漆嵌螺钿雕书画飞檐垂柱圆洞门八字窗式架子床 螺钿折枝花纹

图 432 朱金木雕飞檐垂柱画屏四柱架子床 河塘草虾纹样

图 433 朱漆木雕书文框景立檐垂柱式金联四柱架子床 螺钿昆虫花卉纹之一

图 434 朱漆木雕书文框景立檐垂柱式金联四柱架子床 螺钿昆虫花卉纹之二

图 435 朱金木雕飞檐垂柱式四柱架子床 门额花板螺钿花边之一

图 436 朱金木雕飞檐垂柱式四柱架子床 门额花板螺钿花边之二

图 437 朱金木雕飞檐垂柱式四柱架子床 门额花板螺钿花边之三

图 438 朱金木雕飞檐垂柱式四柱架子床 门额花板螺钿花边之四

图 439 朱漆嵌螺钿雕书画飞檐垂柱圆洞门八字窗式架子床 螺钿花边之一

虽然它并不像漆器的螺钿家具那样，足以成为一个独立的艺术门类，但它非常有效地与朱漆、金彩、木雕等工艺相得益彰，在朱金木雕架子床的装饰整体形象中，也是一个不可或缺的组成部分。（图 441—443）

撒上云母或蚌壳碎末的洒钿屑，在装饰上表现出了许多新的面貌，成了一种新的工艺手法，呈现出了新的艺术风采。尤其用它来形成单独的设计画面时，常常会获得新颖别致的装饰面貌。（图 444）这些工艺在朱金木雕架子床的运用上，成为独具时代性的工艺标志。

图 440 朱漆嵌螺钿雕书画飞檐垂柱圆洞门八字窗式架子床 螺钿花边之二

图 441 朱金木雕飞檐垂柱踏凳式四柱架子床 门窗绦环板螺钿装饰之一

图 444 朱金漆木雕飞檐垂花柱画屏围窗式架子床 檐条板钿屑山水图案

442 朱金木雕飞檐垂柱踏凳式四柱架子床 门窗绦环板螺钿装饰之二

图 443 朱漆贴金木雕人物狮子垂柱四檐围窗拔步床 门窗螺钿装饰

2. 瓷板镶嵌

藏品朱漆金彩嵌瓷立檐式围屏拔步床，是一件很少见到的运用嵌瓷工艺装饰的实例。（图 445）床的立檐、两重门窗的裙板、门楣和床身档板等部位，都通过整体设计，并用专门定制的图案瓷片，把它们镶嵌在这些对应的开光内，再加上描金形成花纹图形。瓷片画面十分明媚而亮丽，在与雕刻贴金飞凤的相互呼应中，共奏协律，给人们传递出了清幽、闲静的另一番装饰意境。这件拔步床运用不同的工艺，以新颖的审美情趣，取得了别具一格的艺术效果，成为一件独树一帜的传世工艺家具作品。（图 446—448）

图 445 朱漆金彩嵌瓷立檐式围屏拔步床（长 216 厘米，宽 235 厘米，高 248 厘米）

图 446 朱漆金彩嵌瓷立檐式围屏拔步床 门罩额板嵌瓷装饰

图 447 朱漆金彩嵌瓷立檐式围屏拔步床 门罩栏板嵌瓷装饰之一

图 448 朱漆金彩嵌瓷立檐式围屏拔步床 门罩栏板嵌瓷装饰之二

（四）漆画

漆画工艺早在我国春秋战国时期就已产生，但只有在明清朱金木雕架子床上，才把中国绘画中的人物画、山水画、花鸟画等，以工笔、写意、白描等绘画形式，运用漆工艺呈现出各种精彩的作品。这些作品不仅丰富了家庭生活的环境，更使绘画作品成为民间的一门大众艺术。（图 449—450）还有不少漆画作品采取连环画形式描绘连续性人物故事，内容情节丰富多样，有的描写山水风景，赞美大好河山，反映人间的欢乐生活，有的直接寄语抒情，缅怀人生，颂扬功名和荣宗耀祖。（图 451—459）

图 449　朱漆金彩木雕重檐围窗拔步床　门窗裙板人物画纹饰之一

图 450　朱漆金彩木雕重檐围窗拔步床　门窗裙板人物画纹饰之二

图 451　朱漆贴金飞檐漆画四柱架子床　门额花板人物故事画纹饰

图 452 朱漆贴金飞檐漆画四柱架子床 门窗裙板人物故事画之一

图 453 朱漆贴金飞檐漆画四柱架子床 门窗裙板人物故事画之二

图 454 朱漆贴金飞檐漆画四柱架子床（长 245 厘米，宽 158 厘米，高 233 厘米）

图 455 朱漆贴金木雕飞檐“三星高照”围屏踏步床 门窗裙板人物故事画之一

图 456 朱漆贴金木雕飞檐“三星高照”围屏踏步床 门窗裙板人物故事画之二

图 457 朱金木雕飞檐垂花柱式四柱架子床 栏板人物故事画之一

图 458 朱金木雕飞檐垂花柱式四柱架子床 栏板人物故事画之二

图 459 朱漆立框檐画屏围窗八字门窗式架子床 栏板折板花卉图案

四、百床的装饰图案艺术

《明清家具装饰艺术》一书指出，在明清家具的装饰部位和运用的装饰手法中，“可以清楚地看到中国传统纹样在明清家具装饰艺术中的作用和意义、成就和价值。不言而喻，正是特定的部位、特殊的工艺手法和各类装饰纹样，通过完美统一的表现形式反映了其高度卓越的艺术水平。其中，尤其是纹样自身的历史、文化内涵和形式的特征，往往诱发人们的思绪和情感，促使人们在美的享受中，展开无比丰富的想象和无穷无尽的探索。由此，对数以千百计分散而又缺乏系统性的明清家具装饰纹样，包括出版物中已刊载的一些图片资料，加以梳理和说明，应该说是一项非常必要的基础研究工作”。[1]

在这里，我们从百床藏品中，又可集中地看到许多各色各样、精彩纷呈的装饰图案纹样，犹似进入了一个传统花纹图案的宝库。虽然有些纹饰一时无法全面地解析清楚，但根据各方面的研究资料，可以就这许多纹样的题材和类别、不同的表现样式，从内容到风格，多则数十例，少则一二例，作些注释和介绍，以获得更多进一步的认识。通过研究，我们可以更好地了解我国明清家具装饰艺术博大精深的文化内涵，尤其是历史悠久的漆木家具，在家具装饰艺术上取得了巨大成就，一直到清代，其仍然保持着独特的传统形式和鲜明的民族风格。

（一）戏曲人物故事纹样

先秦的俳优，汉代的百戏，唐代的弄戏，宋金的杂剧，几乎都是我国古代装饰艺术中的重要题材和内容。明清戏曲，更是大大地丰富了明清朱金木雕架子床各种部件的装饰表现，除《三国演义》《水泊梁山》《西游记》《红楼梦》等名著名作的人物故事外，《西厢记》《琵琶记》《桃花女》《龙凤阁》等无一不被选用为家具装饰纹样的题材。这些在朱金木雕架子床上出现的大量戏曲故事、历史人物、天界神仙和民间传说等花纹图案，都已成为一份不可多得的艺术文化遗产。

许多架子床上描绘着连续的戏文情节，观之就犹如看到了一出又一出的戏曲场景。（图460—462）由于时代的差异，有些戏文的全部内容已难以确切知晓，甚至戏名也无

[1]《明清家具装饰艺术》，濮安国著，浙江摄影出版社出版发行，2001年8月。

图 460　朱金木雕飞檐垂柱画屏四柱架子床 横额花板戏曲人物之一

图 461　朱金木雕飞檐垂柱画屏四柱架子床 横额花板戏曲人物之二

图 462　朱金木雕飞檐垂柱画屏四柱架子床 横额花板戏曲人物之三

图 463 朱金木雕飞檐垂柱画屏四柱架子床 窗棂戏曲纹饰之一

图 464 朱金木雕飞檐垂柱画屏四柱架子床 窗棂戏曲纹饰之二

法查明，但我们仍可通过装饰艺术的造型形象和表演艺术形式等方面，去认识不同剧情中的某些情节，从而进一步了解木雕、朱漆、金彩等工艺的优秀传统，以及其中蕴含的民族历史文化和社会意义。

安装在朱金木雕飞檐垂柱画屏四柱架子床上的这三幅装饰花板，展现了三个故事情节的不同场面。无论是人物形象的塑造，还是剧装服饰及各种兵器和道具，都经过了精心细致的刻画和描绘。

这些采用传统装饰语言表现的人物图案，每一幅都具有典型的民族风格形式特点和鲜明的时代特征。这类形象生动、构图饱满、表现英雄人物故事内容的戏曲纹样富有强烈艺术感染力，（图 463—465）在江南民间常被称为“刀马人”，是大众喜闻乐见的装饰艺术题材之一。

图 465 朱金木雕飞檐垂柱画屏四柱架子床（长 248 厘米，宽 216 厘米，高 221 厘米）

1.《三国演义》故事纹

《三国演义》由元末明初时期罗贯中所作，是我国的一部古典文学名著。故事起于刘、关、张桃园三结义，描绘了三国时代封建统治集团之间的尖锐矛盾和斗争。作者描绘了在频频战斗中众多人物的忠义、智谋和英勇，也揭示了奸诈、狡黠和阴谋。现在通行的是一百二十回本，结构宏大，情节曲折，是在民间传布广泛、人民大众熟悉的装饰题材。

《三国演义》故事纹样之一（图466）描绘了张飞大战马超的场景，两位勇将在营寨前一来一往，后面将士们声势助威，气氛热烈紧张。如此精致卓越的家具装饰艺术，充分体现了不同历史时期家具的历史价值和艺术价值。《三国演义》故事纹样之二（图467）是耳熟能详的“空城计”，孔明在城楼上悠然自得、专心致志地弹琴，城下刀枪剑戟晃晃而动，战斗的气氛被渲染得惊心动魄。架子床装饰花板上的这些画面，都已成为一幅幅明清时期优秀的艺术作品，反映了朱金木雕架子床装饰艺术的历史价值。

图466 朱金木雕重檐垂柱围屏八字门式架子床 门窗花板《三国演义》故事纹“张飞大战马超”纹饰

图467 朱金木雕重檐垂柱围屏八字门式架子床 门窗花板《三国演义》故事纹“空城计”纹饰

2.《西厢记》故事纹

“墙头花影动，疑是玉人来。”《西厢记》中张生与莺莺经红娘穿针引线，密约幽会的戏曲情节是民间喜闻乐见的爱情故事。才子佳人在后花园私订终身，深院高墙难挡有情人，这段风流韵事被古代匠师们刻画得真切、生趣、传神。朱金木雕重檐垂柱围屏八字门式架子床上的两幅门窗花板，（图 468—470）以简约清晰的画面反映了故事主人翁真切的内心世界。

图 468　朱金木雕重檐垂柱围屏八字门式架子床 门窗花板《西厢记》故事纹之一

图 469　朱金木雕重檐垂柱围屏八字门式架子床门窗花板《西厢记》故事纹之二

图 470　朱金木雕重檐垂柱围屏八字门式架子床（长 273 厘米，宽 226 厘米，高 248 厘米）

3.“刀马人”纹

朱金木雕飞檐垂柱栏屏式四柱架子床与朱金木雕飞檐垂柱踏板式六柱架子床横额花板上的戏曲故事人物纹,（图 471—472）展现了“刀马人”的生动画面。尽管图像中的具体内容尚需考查，但可见人物形象个个英姿勃发，斗志昂扬，画面中的人物都是马上马下，举枪舞刀，是典型的刻画刀、马、人的精品佳作，具有高度的艺术水平、鲜明的时代性和风格特色。（图 473—476）朱金木雕立檐垂柱落地圆光罩八字门式四柱架子床门罩的圆景，也是刻画刀、马、人的精彩场面，小中见大，人物在重峦叠嶂的广阔天地中，施展着武艺高强的英雄气概。（图 477—478）

图 471　朱金木雕飞檐垂柱栏屏式四柱架子床（长 242 厘米，宽 160 厘米，高 236 厘米）

图 472　朱金木雕飞檐垂柱踏板式六柱架子床（长 252 厘米，宽 178 厘米，高 241 厘米）

图 473 朱金木雕飞檐垂柱栏屏式四柱架子床 横额花板“刀马人”纹饰之一

图 474 朱金木雕飞檐垂柱栏屏式四柱架子床 横额花板“刀马人”纹饰之二

图 475 朱金木雕飞檐垂柱踏板式六柱架子床 横额花板“刀马人”纹饰之一

图 476 朱金木雕飞檐垂柱踏板式六柱架子床 横额花板“刀马人”纹饰之二

图 477 朱金木雕立檐垂柱落地圆光罩八字门式四柱架子床 门窗圆景“刀马人”纹饰之一

图 478 朱金木雕立檐垂柱落地圆光罩八字门式四柱架子床 门窗圆景“刀马人”纹饰之二

（二）历史人物故事纹样

我国几千年的历史文化传统是我们民族装饰艺术取之不尽的宝库，人们日常生活使用的家具，尤其是架子床等重要器物，根据喜庆、寿乐、礼仪等风俗内容的需要，无不百般讲究。这些家具以丰富多彩的表现形式和艺术语言，将历朝历代流传的经典故事、历史人物、民族英雄、名人事件、才子佳人等等加以歌功颂德，颂扬宣传，用作标榜，企求光大，代代传承。

在各类架子床藏品中，就有着许多这方面装饰部件的图案纹样和典型的作品，可供我们深入地品赏和研究。

1.“百忍堂”历史人物纹

传说唐代张公艺五世同堂，家庭安乐祥和，皇帝曾问其安享福寿之道。张公艺年老失聪，也不多言语，一声不吭写了一百多个“忍”字，献给了唐高宗李治。他以百忍回答，这也是他的齐家之道。唐高宗立刻就明白了“忍”中之大义，治国如治家，治家若治国。唐高宗对张公艺的齐家之道深有感悟，感慨尤嘉，并御笔写下“百忍义门”四个大字，赐予张家。

在朱金木雕框景立檐式八字门架子床的门额中央，有一块采用线雕工艺刻画庆贺“百忍堂”获得金匾的热闹场面，其中有持杖的长老，戏乐的儿

童，聚集一堂的晚辈与家人。（图 479）这幅描绘“百忍堂”历史故事的装饰图案，深刻地表达了民间对历史传统家族之道义的颂扬和倡导，以及对家庭兴旺发达、福寿齐家深层思想的赞美和颂扬。

朱金木雕花篮头垂柱式四柱架子床横额的花板上，还刻着一幅书写了百个“忍”字的卷轴，中间抱着孙儿微笑的一位老者应是主人，左右有儿孙奉着展开的家训长卷，前后还有同来祝福的寿星和爵禄高官。（图 480）画面充分地彰显着一种中庸平和的治家与养生之道，描绘出了一幅福禄寿齐全完美的景象。

图 480　朱金木雕花篮头垂柱式四柱架子床 横额花板“百忍堂”人物纹

图 479　朱金木雕框景立檐式八字门架子床 横额花板“百忍堂”人物纹

2.“九世同居”历史人物纹

从北齐至隋唐，张公艺家族九世同居，是朝野闻名的齐家圣贤典范。张家九代人、上下九百余人口，能做到尊卑有序、和睦相处、忠孝两全，都跟当家人张公艺的齐家之道有关。张公艺生于北齐末年（577），历经北齐、隋、唐三朝，逝于唐高宗时期（676），享年九十九岁。他终其一生，都在寿张县（古属齐鲁，今河南台前县）生活，尽心尽力治家，一手缔造了九世同居的齐家奇迹，后世再无哪个家庭超越张家。

自古以来，中国不乏五代同堂的齐家美谈，对于这种家庭，人们一贯以“福气”来加以赞誉。而像张公艺家族这种“九世同居”的齐家典范，显然达到了世人心目中的福气至尊、圣贤之家的高度。朱金木雕重檐垂柱围栏四柱架子床落地罩圆景中的装饰图案，就有以这一故事为题材内容的生动画面。（图481—483）人物情节的安排是跪接皇恩和御赐“九世同居”的两个欢欣场景，集中地传递出了历史故事的主题思想和民族传统文化的精神内涵。

图 482 朱金木雕重檐垂柱围栏四柱架子床 门罩圆景“九世同居”人物纹饰之一

图 483 朱金木雕重檐垂柱围栏四柱架子床 门罩圆景“九世同居”人物纹饰之二

图 481 朱金木雕重檐垂柱围栏四柱架子床
（长 235 厘米，宽 235 厘米，高 222 厘米）

3.“一门联九世 五代并同居”历史人物纹

藏品朱漆贴金木雕重檐垂柱围窗式拔步床左边的透雕长联“卍”字纹和小方格的精致门窗上，开光内的一幅金彩木雕，刻画的也是以张家“百忍堂”齐家美谈为内容的装饰图案。画中门匾赫然在目，屋檐下题字写着“一门联九世，五代并同居”的立墙前，人们宾礼相见，气氛融和，无疑是对这一中华传统文明的颂扬与和谐精神的赞美。（图 484）

4.“灵椿一株老 丹桂五枝芳”历史人物纹

史载五代冯道《赠窦十》诗：“燕山窦十郎，教子有义方。灵椿一株老，丹桂五枝芳。”灵椿，古代传说中的长寿之树，典出《庄子·逍遥游》：“上古有大椿者，以八千岁为春，八千岁为秋。”唐韩偓《小隐》诗：“灵椿朝菌由来事，却笑庄生始欲齐。”元谷子敬《城南柳》第四折：“和那瑶草为邻，灵椿共茂，丹桂同芳。”丹桂，古代有称中举为折桂的习俗，窦有五子，俱中举。

藏品朱漆贴金木雕重檐垂柱围窗式拔步床右边的精致门窗上，开光内一幅金彩木雕的人物画面，十分突出地刻画了这个千年流传的美好故事，形象栩栩如生。明亮的“窦相府”的门匾下，众官簇拥，相敬相贺，“灵椿一株老，丹桂五枝芳”的诗句被清晰地昭示在屋檐下侧进门的墙面上，（图 485）给人们展现了一派荣华富贵的美好景象。

图 484 朱漆贴金木雕重檐垂柱围窗式拔步床 窗棂“一门联九世 五代并同居”历史人物纹

图 485 朱漆贴金木雕重檐垂柱围窗式拔步床 窗枨“灵椿一株老 丹桂五枝芳”历史人物纹

5.“郭子仪庆寿”历史故事纹

郭子仪，华州郑县（今陕西渭南华州区）人。唐代中兴名将，政治家，军事家。在平定安史之乱的战争中，郭子仪指挥或参与指挥了攻克河北诸郡之战、收复两京之战、邺城之战等重大战斗。他戎马一生，功勋卓著，藏品中有不少此类纹饰。（图 486—487）

朱金木雕飞檐垂柱落地圆光罩八字门式四柱架子床（图 488）横额中央花板木雕金彩庆寿纹，在汾阳府“百殷堂”下，郭子仪福寿全归，子女、同僚官员前往贺寿。该作品构图均齐匀称，形象平和自然，手法明朗精美，气象宽宏壮丽。热闹喜庆的情感氛围，充分地表现了这一活动场面。（图 489）

这类贺寿的民俗，常常以各种内容的画面和不同的纹饰刻画在架子床的门面上，而且总是以某种礼仪为主题，突出人物内在的精神世界，以简洁鲜明的形式感，取得完满的装饰效果。（图 490—492）

图 486 朱金木雕飞檐垂柱落地圆光罩八字门式四柱架子床横额花板“征战”纹饰之一

图 487 朱金木雕飞檐垂柱落地圆光罩八字门式四柱架子床横额花板“征战”纹饰之二

图 488 朱金木雕飞檐垂柱落地圆光罩八字门式四柱架子床（长 288 厘米，宽 178 厘米，高 256 厘米）

图 489　朱金木雕飞檐垂柱落地圆光罩八字门式四柱架子床 横额花板“郭子仪庆寿”纹饰

图 490　朱金木雕飞檐垂柱踏凳式六柱架子床 横额花板“庆寿”纹饰

图 491　朱金木雕垂柱落地门罩“麒麟送子”四柱架子床 横额花板“庆寿”纹饰

图 492　朱漆贴金描画四柱架子床 挂落花板“贺寿”纹饰

6.“一品当朝”纹

一品，为封建王朝官员之最高等级，鹤性清高，常用作一品官补子的图案，故用鹤以表一品。以日比皇帝，以鹤向日即表示朝见皇帝之意。亦有的画面中描绘着袍服官吏，随同手持一长条锦帛，上书“当朝一品”四字。（图 493）藏品架子床中还有不少雕刻身穿朝廷官服、怀抱如意、手指远方的人物的部件，它们常装饰在特别显眼的位置，寓意高官厚禄，前程无量。（图 494）

图 493 “一品当朝”纹

图 494 朱漆金彩木雕三檐“庆衍鑫斯”八字门式四柱架子床 雀替木雕贴金“一品当朝”纹

7."金榜及题"纹

五代王定保《唐摭言》第三卷："何扶，太和九年及第，明年，捷三篇，因以一绝寄旧同年曰：'金榜题名墨上新，今年依旧去年春。花间每被红妆问，何事重来只一人。'"金榜指科举时代殿试揭晓的黄榜题名，考中者的名字被写在金榜上，后泛指通过考试被录取。朱金木雕架子床的图案中极其生动地表现了这一情节，气氛热烈，画面红底金彩，传旨的来使抬着榜匾，高中的考生跪地叩拜，奏乐声声，人们沉浸在喜气洋溢、吉庆祥和的欢乐氛围中。（图 495）

朱金木雕飞檐垂柱"麟趾呈祥"四柱架子床左右门窗的窗枨，装饰着描绘人们高举"状元及第""玉京第一"两块牌匾回乡情景的精致图案纹样，人物形象的塑造，充分地表现出了传统工艺高度的艺术表现力。（图 496—497）作品画面章法讲究，构图完美，是民间工匠们以这一题材精心设计创作的优秀作品范例。

图 495 朱漆贴金木雕重檐双匾四柱架子床 横额"金榜及题"纹饰

图 496 朱金木雕飞檐垂柱"麟趾呈祥"四柱架子床 窗枨"金榜及题"纹饰之一

图 497 朱金木雕飞檐垂柱"麟趾呈祥"四柱架子床 窗枨"金榜及题"纹饰之二

8.“李白填词”故事纹

李白在长安任翰林时，醉中被唐玄宗召入宫中为杨贵妃填新词，李白遂命杨国忠磨墨，高力士脱靴，在酒酣墨浓时一挥而就。《清平调》的绝唱“云想衣裳花想容，春风拂槛露华浓”，成为千古名句。朱金木雕重檐垂花柱围栏四柱架子床落地罩的窗景图案，（图498—499）便是李白恃才傲物、豪放不羁之典型写照，也是民间雕刻艺术中很具有代表性的作品。

这一题材内容的装饰纹样，广受时人的喜爱，在多件朱金木雕架子床中都有生动的描绘，作品以不同的形式变化，均突出地表现了唐代诗人李白鲜明的人物形象。（图500—502）

图498 朱金木雕重檐垂花柱围栏四柱架子床 落地罩雕刻“李白填词”故事纹之一

图499 朱金木雕重檐垂花柱围栏四柱架子床 落地罩雕刻“李白填词”故事纹之二

图500 “李白填词”故事纹之一

图501 “李白填词”故事纹之二

图502 朱金木雕重檐六匾八字门式踏板架子床 横额花板“李白填词”故事纹

9.“李白酒仙”纹

李白自称“酒仙”，以豪饮而闻名天下。《襄阳歌》里的“百年三万六千日，一日须倾三百杯”便是生动写照。许多著名诗文都是他在半醉半醒间一挥而就的，令人称奇。《开元天宝遗事·醉圣》有“李白嗜酒，不拘小节，然沉酣中所撰文章，未尝错误，而与不醉之人相对议事，皆不出太白所见，时人号为醉圣”的记载。这件朱漆木雕八字门式画屏架子床中的图案画面似在一个幽静的庭园中，环境清雅，李白举杯接酒，潇洒自在，表现一种不是仙却胜于仙的神情意态。（图503）

图503 朱漆木雕八字门式画屏架子床 门额花板“李白酒仙”纹

10.“文王访贤”纹

在一件朱金木雕飞檐落地罩四柱架子床门罩上，有一幅窗棂雕刻人物图案，内容是“姜太公垂钓渭滨，直钩无饵，所求不在鱼；文王出猎，所欲不在鸟兽”的故事情节，正是贤才遇明主，遂开创了周朝八百年基业。画面设计在一个花瓶形状的开光中，纹饰精美，金漆彩丽，朱漆明媚，构图巧妙，层次分明，整幅作品高山渭水，意蕴丰富。（图504）工匠的设计和工艺技能皆炉火纯青，使作品取得了相得益彰的艺术效果。

图504 朱金木雕飞檐落地罩四柱架子床 窗棂“文王访贤”纹

11.“编蒲为书”故事纹

史书《汉书·路温舒传》:“路温舒字长君，巨鹿东里人也。父为里监门，使温舒牧羊，温舒取泽中蒲，截以为牒（书板），编用写书。”由此留下了路温舒勤学苦读的千古佳话。庾信有诗赞曰 :“子云犹汗简，温舒正削蒲。”儿时贫困的放羊娃，经过自己的艰苦努力，成为汉代的大才子。

路温舒勤学奋发的故事，留下了一段千古佳话，并且成为一种宝贵的精神财富，激励着一代又一代学人努力奋进。藏品朱漆贴金木雕重檐垂柱门围窗拔步床的门窗上，一幅采用平地浅雕的路温舒“编蒲为书”图案纹样,（图505）构图均衡，精致周密。在湖边山道上牧羊的路温舒手托蒲牒，仍然情系书怀，从容进取，给故事内容增添了许多动人的感染力。

12.“学宫”纹

学宫，是古人一处学习的地方，也就是供人们读书的学校。“学宫”一词在西周时期已经出现，与后世经常使用的“辟雍”一词意义相同，是周天子设立的大学，专门教授国子和贵族子弟的场所，也是古代地方政府设立的学校。这一题材的运用，同样是倡导和发扬古人好学进取的传统精神。

朱漆贴金木雕重檐垂柱门围窗拔步床的一幅门窗图案中,突出的“学宫”字匾校门十分醒目,校内外人物是不同形象的师生。（图 506）画面内容简明，主题突出，精确地反映了这则故事的历史意义和文化传统。

13.“三槐堂”纹

在周代，槐树象征着渊博的学问、正直的品格和崇高的地位。史书记载，周代宫廷外植有三株槐树，百官朝见天子时，太师、太保、太傅三公皆面槐而立。因此，周朝以后，“三槐”即代指三公。《周礼》中也有“面三槐，三公位焉”的记载，因此，“三槐”便成了“三公”的代名词。宋代太尉、司徒（丞相）、司空（御史大夫）三要职也合称“三公”，为众臣之首。三槐堂建于明代,系明万历二十五年（1597）丁酉科乡举王经天的故宅,因《宋史·王旦传》内有“旦父祐手植三槐于庭曰 : 吾之后必有为三公者”一说，王氏后人即以三槐为典故，堂名取“三槐堂”。

各种架子床的门窗图案中，雕刻画面以朴素平实的艺术形象，反映了这一历史故事的内容，宣扬了传统精神崇尚的思想内涵。（图 507）

图 505 朱漆贴金木雕重檐垂柱门围窗拔步床 门窗绦环板“编蒲为书”故事纹

图 506 朱漆贴金木雕重檐垂柱门围窗拔步床 门窗绦环板“学宫”纹

图 507 朱漆贴金木雕重檐垂柱门围窗拔步床 门窗绦环板“三槐堂”纹

14.“耕读渔樵四民乐”纹

耕、读、渔、樵讲的是我国古代四大名人的故事。耕者是神话传说中的虞舜，曾耕田于历山下，为人贤良，继承唐尧帝政业，治理民事，是一位圣帝。以读书教学为业的是春秋时期的鲁人孔子，曾周游列国、聚德讲学，以礼为本，被后人尊为圣人。渔者为殷商时的吕尚，民间传说中的姜太公，他曾在渭水河边钓鱼，所谓“愿者上钩”，后来辅助周灭掉了商纣。樵夫指的是钟子期，一次他砍樵的归途中，听到春秋时晋大夫伯牙舟泊江边，忽听琴声意在高山，钟驻足曰“巍巍乎若山”，又闻志在流水，曰“荡荡乎若流水”。伯牙感到得遇知音，赞叹不已。后子期死，伯牙劈琴绝弦，终身不复操琴。

这些历史名人在家具装饰纹样中，都已成为民间生活中劳动者的普通形象，描绘的是乡间日常生活中的劳动场景。画面往往充满着浓烈的生活气息，呈现乐观、美好、和谐的精神世界，表达了大众真切的思想情怀，体现了民间艺术最深层的民族文化渊源。

朱金木雕飞檐垂柱围窗式八字门架子床，在四扇门窗裙板上分别雕刻有耕、读、渔、樵的图案纹饰，（图 508—511）描绘了这些历史故事的全部内容。人物的形象和表现的景物，皆符合民俗传统的审美情趣，并均以简约质朴的形式语言、疏密有致的画面构图、平地浅刻的雕刻手法，十分贴切地表达了故事题材内容的主题思想。

图 508 朱金木雕飞檐垂柱围窗式八字门架子床 门窗裙板四民乐之“渔”纹

图 509 朱金木雕飞檐垂柱围窗式八字门架子床 门窗裙板四民乐之“樵”纹

图 510 朱金木雕飞檐垂柱围窗式八字门架子床 门窗裙板四民乐之“耕”纹

图 511 朱金木雕飞檐垂柱围窗式八字门架子床 门窗裙板四民乐之“读”纹

15.“论道”故事纹

道家有“太极生两仪，两仪生四象，四象生八卦，八卦定吉凶，吉凶生大业”的玄妙道义。在一件朱金木雕飞檐垂柱门罩式四柱架子床空灵的格窗上，嵌装着一幅透雕作品，描绘在一处山林之中，三位道长正在专心致志地观图论道。（图 512）他们神情自若，超然脱俗，都聚精会神地专注在天地自然和道义精神的世界里。这是一幅颇具思想哲理性的优秀雕刻图案作品。

16.“借问”故事纹

这是朱金木雕飞檐垂柱画屏围窗式四柱架子床上的一幅浮雕作品，吹笛骑牛的牧童和骑马问道者的神情显得十分真实，牛与马的刻画也极其生动传神。画面内容恰合一句古诗之意:“借问酒家何处有,牧童遥指杏花村。”（图 513）

图 512 朱金木雕飞檐垂柱门罩式四柱架子床 门罩透雕“论道”故事纹

图 513 朱金木雕飞檐垂柱画屏围窗式四柱架子床 门窗花板“借问”故事纹

17.“摇钱树”故事纹

“摇钱树”，据说最早出自《三国志》里的一个故事：古时候一个叫郦原的人，在路上捡到一串铜钱，由于找不到失主，就把钱挂在树上。路过的人看到树上有一串钱在随风晃动,以为此树是神树，便顶礼膜拜，也纷纷把钱挂在树上，以祈求日后会有很多的金钱。由此，民间百姓每逢春节依然有买“摇钱树”的习惯，一来图个吉利，二来也图个喜庆热闹。同时，民间在家具上以想象力，创作了各种在“摇钱树”下温情相爱的画面，借以寄托家庭对财富和幸福的憧憬和幻想。藏品朱金木雕重檐八字门式四柱架子床的门罩和朱金木雕重檐垂柱围栏四柱架子床的床柱雀替上，都有摇钱树和人物组合构成的完美图案形式,（图 514—516）赋予了这一传统故事内容丰富的艺术形象表现。

514 朱金木雕重檐八字门式四柱架床 门罩透雕花板“摇钱树”故事纹

图 515 朱金木雕重檐垂柱围栏四柱架子床 雀替“摇钱树”人物图案之一

图 516 朱金木雕重檐垂柱围栏四柱架子床 雀替“摇钱树”人物图案之二

（三）英雄情缘人物纹样

在朱金木雕架子床的装饰纹样中，常有各种兵马冲突、英雄相惜、终成佳偶的沙场风流故事。（图 517—526）其中尤以杨家小将杨宗保与穆柯寨穆桂英，北宋名将狄青之子孪生兄弟狄龙、狄虎与段红玉、王兰英两两缘系终身的故事最为精彩，这些故事皆是民间漆木家具广泛采用的装饰题材和内容。

图 517　朱金木雕重檐八字门式四柱架子床　窗棂英雄情缘人物纹样之一

图 518　朱金木雕重檐八字门式四柱架子床　窗棂英雄情缘人物纹样之二

图 519　朱金木雕飞檐垂柱“玉燕投怀”四柱架子床　窗棂英雄情缘人物纹样之一

图 520　朱金木雕飞檐垂柱“玉燕投怀”四柱架子床　窗棂英雄情缘人物纹样之二

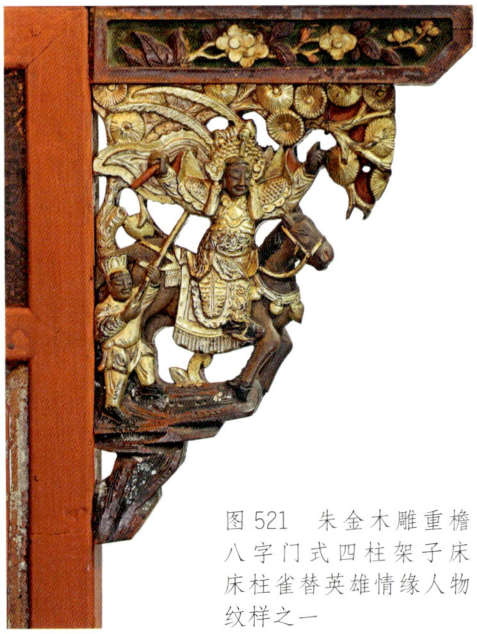

图 521 朱金木雕重檐八字门式四柱架子床床柱雀替英雄情缘人物纹样之一

图 522 朱金木雕重檐八字门式四柱架子床床柱雀替英雄情缘人物纹样之二

图 523 朱漆木雕飞檐垂柱画屏八字门式架子床 窗棂英雄情缘人物纹样之一

图 524 朱漆木雕飞檐垂柱画屏八字门式架子床 窗棂英雄情缘人物纹样之二

图 525 朱漆木雕飞檐垂柱画屏八字门式架子床 窗棂英雄情缘人物纹样之三

图 526 朱漆木雕飞檐垂柱画屏八字门式架子床 窗棂英雄情缘人物纹样之四

1. 穆桂英与杨宗保的情缘故事纹

杨家将是北宋初年著名的军事家族，其保家卫国的故事在北宋中叶就已迅速流传于天下。故事主要描绘的是杨业、杨延昭等人保家卫国的事迹。杨家小将杨宗保为取降龙木和讨还军粮而上穆柯寨，在与穆桂英征战中，少年男女英雄一见钟情，纵马奔驰鏖战中两人面带喜色，眉目传情，穆桂英生擒杨宗保并招之成亲后，归于杨家将之列，为杨门女将中的杰出人物。故事内容充满着浓浓的喜剧氛围，在藏品架子床中，画面人物形象和表现情节各有不同，各具特色，精彩纷呈。（图 527—532）穆桂英与杨家将一起征战卫国，屡建战功。穆桂英是明代熊大木小说《北宋志传》和纪振伦小说《杨家府世代忠勇通俗演义》中的人物，原为穆柯寨穆羽之女，武艺超群，机智勇敢，传说有神女传授其神箭之术。

图 527 朱漆贴金木雕四重檐垂柱“兰桂腾芳”拔步床 门窗“杨家将”人物纹

图 528 朱漆贴金木雕重檐垂柱门围窗拔步床 门窗 “杨宗保”人物纹

图 529　朱金木雕飞檐垂柱长窗罩四柱架子床“杨穆情缘”故事纹之一

图 530　朱金木雕飞檐垂柱长窗罩四柱架子床“杨穆情缘”故事纹之二

图 531　朱金木雕戏剧人物飞檐垂柱式四柱架子床 门窗花板“杨穆情缘”故事纹之一

图 532　朱金木雕戏剧人物飞檐垂柱式四柱架子床 门窗花板“杨穆情缘”故事纹之二

2. 狄龙、狄虎与段红玉、王兰英的情缘故事纹

狄青，北宋时期名将。《五虎平西演义》故事中，叙述以狄青为首的五虎将率兵南征，平定广源州依智高叛乱的经过，并有狄青的孪生子狄龙、狄虎在出征中与敌方女将段红玉、王兰英之间发生的爱情纠葛，在民间广为流传，工匠也常将此英雄情缘的故事用作家具的装饰题材。（图 533—534）

图 533 朱漆贴金木雕四重檐垂柱“兰桂腾芳”拔步床 门窗花板“狄元帅五虎平西”纹饰

图 534 朱漆贴金木雕重檐垂柱门围窗拔步床 门窗花板“五虎平西狄帅”纹饰

3.“抛绣球”纹

绣球，寓意和象征纯洁的爱情。在古代有些地方，当姑娘到了婚嫁的年龄，就会选择一个好日子，让求婚者集中在绣楼之下，姑娘抛出一个绣球，接到绣球的这个人，就可以成为这个姑娘的丈夫。姑娘一般会看准意中人，把绣球抛到他身上，以便他捡到。有些地方，抛绣球常是约定于某一天。这一天一般是一年的正月十五或八月十五，示意吉庆祥瑞的日子。

朱漆金彩四檐围窗式六柱架子床门窗开光图案中，有云间老人送彩球，展现了举行这一传统仪式的美丽场景。画面构图紧凑，每个人物形象都非常生动、真切，是一幅富有深刻意味和表现力的装饰艺术作品。（图 535）朱金木雕四檐垂柱围窗踏板式六柱架子床等门窗的窗栿纹样，也以类似的故事题材和内容，生动地描绘了男女情爱、婚姻美满的生活图景。（图 536—537）

图 535　朱漆金彩四檐围窗式六柱架子床　门窗花板“抛绣球”故事纹

图 536　朱漆贴金木雕人物狮子垂柱四檐围窗拔步床　窗栿“抛绣球”故事纹

图 537　朱金木雕四檐垂花柱围窗式踏板六柱架子床　窗栿“抛绣球”故事纹

4.“游龙戏凤”纹

在朱漆贴金描画飞檐四柱架子床的雕刻中，描绘了明代风流天子正德皇帝微服出游至梅龙镇酒店，与酒家女子李凤姐一见倾心，两情相悦，几经波折迎娶她进宫为妃的故事，也是民间传统戏曲流行剧目。这件雕刻选取正德皇帝踩住李凤姐的汗巾的情节，将郎有情、妾有意的微妙表情表达得活灵活现。（图 538—539）民间常根据不同的场景，加入许多类似的情节描写，使情缘故事在广泛的传播中更加深受大众的青睐，为男女爱情增添了浓厚的戏剧色彩。（图 540—544）

图 538 朱漆贴金描画飞檐四柱架子床 “游龙戏凤”故事纹之一

图 539 朱漆贴金描画飞檐四柱架子床 “游龙戏凤”故事纹之二

图 540 朱金木雕三檐门窗式四柱架子床 门窗隔板“情缘人物”纹

图 541 朱金木雕重檐八字门式四柱架子床 门窗隔板“情缘人物”纹饰之一

图 542 朱金木雕重檐八字门式四柱架子床 门窗隔板“情缘人物”纹饰之二

图 543 朱金漆木雕双匾飞檐四柱架子床 落地罩花境“情缘人物”纹饰之一

图 544 朱金漆木雕双匾飞檐四柱架子床 落地罩花境“情缘人物”纹饰之二

5.“唐寅月下访贤女”人物纹

唐寅（1470—1523），字伯虎，一字子畏，号六如居士、桃花庵主、鲁国唐生、逃禅仙吏等，汉族，南直隶苏州吴县人。明代著名画家、文学家。据传他于明宪宗成化六年（1470）庚寅年寅月寅日寅时生。他放荡不羁而又才气横溢，诗文擅名，与祝允明、文徵明、徐祯卿并称“江南四大才子（吴门四才子）”，画名更著，与沈周、文徵明、仇英并称“吴门四家”。

朱漆贴金木雕四重檐垂柱“兰桂腾芳”拔步床檐板的贴金木雕“唐寅月下访贤女”纹，生动地描画了唐寅和祝允明月夜访贤女，戏剧性的画面轻松愉快地传递了民间的一则风情故事。（图 545）

6.“双手推开窗前月 一石击破水中天”人物纹

宋朝秦观与苏轼之妹苏小妹的新婚之夜，苏小妹故意出题为难秦观，出了一个对子，上联为“双手推开窗前月”，要求新郎对出下联后方可进入洞房。但秦观苦思冥想到半夜也想不出下联。苏轼见秦观对不上来，然后就给了他一个提示，取一小石子投入园内的水缸中，以此暗示。秦观心领神会，即时对出了下联：“一石击破水中天。”

朱漆贴金木雕四重檐垂柱“兰桂腾芳”拔步床檐板的一幅贴金木雕，具体描述了“一石击破水中天”的机智场面，在长条画幅的构成中，人物形象惟妙惟肖。（图 546）

7.“画眉笔带凌云志 种玉人怀咏雪才”人物纹

“画眉笔带凌云志，种玉人怀咏雪才”是一副传统喜联。上联引用了“京兆画眉”和“司马相如作赋”两个典故，说明新婚夫妇既恩爱如张敞夫妻，又有司马相如作“大人赋”的志气和才华。

下联又引用了两个典故，“种玉人”载晋干宝《搜神记》：“杨伯雍居终南山，常汲水于岭上以供人饮。三年，有一人饮后与之石子一斗，谓选好地种之可生玉，并可得好归。杨种石果得玉。右北平徐公有好女，人求之多不许。杨往求，徐言如得白璧一双，即听婚。杨于种玉处得白璧五双，遂聘徐女。”“咏雪才”，指晋代王凝之之妻谢道韫，她是安西将军谢奕之女，东晋政治家谢安的侄女，王羲之的儿媳。谢少博学，聪颖机智，大雪天吟诗，以“未若柳絮因风起”之句得到谢安的赞赏，故后世美称有诗才的女子为“咏雪才”。（图 547—548）

图 545 朱漆贴金木雕四重檐垂柱“兰桂腾芳”拔步床 檐板贴金木雕“唐寅月下访贤女”人物纹

图 546 朱漆贴金木雕四重檐垂柱“兰桂腾芳”拔步床 檐板贴金木雕“双手推开窗前月 一石击破水中天”人物纹

图 547 朱金木雕四檐飞鸟垂柱围窗踏板式六柱架子床 门窗绦条板“画眉笔带凌云志”人物纹

图 548 朱金木雕四檐飞鸟垂柱围窗踏板式六柱架子床 门窗绦条板“种玉人怀咏雪才”人物纹

8.“举案齐眉”人物纹

东汉时期的梁鸿是一位名士，他不贪恋富贵，与妻子相敬如宾、举案齐眉的故事广为流传，成为夫妻恩爱的楷模。朱金木雕四檐飞鸟垂柱围窗踏板式六柱架子床门窗裙板纹饰刻画了这一传统故事，两位主人公惟妙惟肖的动人形象，传递着清晰的生活信息，令人赞美不绝。（图 549）

9.“红叶题诗”人物纹

《红叶题诗》是唐代顾况记载的“花落深宫莺亦悲，上阳宫女断肠时。帝城不禁东流水，叶上题诗欲寄谁”的爱情故事。千百年来，一首首“红叶题诗”，让人们从此对落叶流水寄予了无限情感，一段段荡气回肠的传奇更令人倾心爱慕。清代李渔《闲情偶寄》里也说:“御沟题红，千古佳事。”故在江南民间，“红

图 549 朱金木雕四檐飞鸟垂柱围窗踏板式六柱架子床 门窗裙板“举案齐眉”人物纹

图 550 朱金木雕四檐飞鸟垂柱围窗踏板式六柱架子床 门窗裙板“红叶题诗”人物纹

叶题诗”成了广泛使用的婚事装饰题材，以各种画面描绘男女相爱的美好情景，表达青年男女钟情的美好理想。藏品架子床门窗裙板图案，画面含蓄而人物神态真切，富有丰富想象。（图 550）

10.“前程万里”纹

小路上荷担书童已然登程，回望官人与娘子仍在依依惜别，欲走还留，进京赶考时恩爱夫妻和家长千叮万嘱；行旅中主仆二人抬头仰望，祥云间仙人举手指路，昭示此去前程万里，功成名就。（图 551）在朱金木雕架子床的装饰纹样中，有着许多类似这样的题材或画面，着意鼓励勤奋读书、发愤图强，颂扬光宗耀祖、荣华富贵。（图 552、图 554）同时还有相应的功成名就后荣归故里等画面，互相呼应，从而取得更加尽善尽美、欢乐和谐的效果。（图 553、图 555）

图 551　朱漆金彩四檐围窗式六柱架子床 门窗花板“前程万里”纹饰

图 552　朱金木雕飞檐嵌宝珠四柱架子床 门额花板“前程万里”纹饰

图 553　朱金木雕飞檐嵌宝珠四柱架子床 门额花板“荣回故里”纹饰

图 554　朱金木雕飞檐垂柱“玉燕投怀”四柱架子床 檐花板“进京赶考”纹饰

图 555　朱金木雕飞檐垂柱“玉燕投怀”四柱架子床 檐花板“荣回故里”纹饰

12.“衣锦还乡”纹

荣登金榜后衣锦还乡、显亲扬名是古代读书人的人生得意之秋，这时大有“十年寒窗无人问，一举成名天下知”的气概。朱金木雕重檐三匾四柱架子床窗棂的纹样作品中，描绘了状元郎策马还乡、荣归故里、家人喜迎的画面，呈现出一幕欢乐动人的场景。雕工与构图都极古雅，将喜气盈门的场面刻画得更加出神入化。（图 556—557）朱金木雕重檐六匾八字门式踏板架子床檐花板中的“荣回故里”纹饰，也都以喜悦的场景表现这一主题内容。（图 558—559）

图 556　朱金木雕重檐三匾四柱架子床　窗棂“衣锦还乡”纹样之一

图 557　朱金木雕重檐三匾四柱架子床　窗棂“衣锦还乡”纹样之二

图 558　朱金木雕重檐六匾八字门式踏板架子床　檐花板“荣回故里”纹饰之一

图 559　朱金木雕重檐六匾八字门式踏板架子床　檐花板“荣回故里”纹饰之二

（四）人事景物纹样

每一个历史时期，人们对于现实生活、日常活动和生活环境、生态景物的描写，常常是不可或缺的主题和内容。如对家教养育、琴棋书画、娱乐游园等主题的描绘在藏品架子床中屡见不鲜，（图 560—565）这是装饰图像中反映时代和社会人文精神的生动写照，许多花床刻画的生活情节和画面，常常能让人舒坦开怀，或发人深省，令人感慨。纹样内容丰富多样，构思设计巧妙，工艺手法精到，不乏经典优秀的实例。如民间流传“三娘教子”的故事，通过“母爱子顺”等人之常情的传统道义，将人物形象的亲和美善刻画得惟妙惟肖。（图 566—571）这些也同样都是装饰艺术传统中的一份优秀文化遗产。

图 560 朱金木雕飞檐百子图围窗式八字门踏凳架子床 落地罩花板“弹琵琶”纹

图 561 朱金木雕飞檐百子图围窗式八字门踏凳架子床 落地罩花板“拉二胡”纹

图 562 朱金木雕飞檐垂柱围栏式四柱架子床门额花板“传艺”纹饰之一

图 563 朱金木雕飞檐垂柱围栏式四柱架子床门额花板“传艺”纹饰之二

图 564 朱金木雕飞檐垂柱“玉燕投怀”四柱架子床 门窗裙板“教子”纹饰之一

图 565 朱金木雕飞檐垂柱“玉燕投怀”四柱架子床 门窗裙板“教子”纹饰之二

图 566 朱金木雕龙门飞檐垂柱落地门罩四柱架子床 门罩透雕“教子”纹饰之一

图 567 朱金木雕龙门飞檐垂柱落地门罩四柱架子床 门罩透雕“教子”纹饰之二

图 568 朱漆贴金木雕重檐“熊梦呈祥”四柱架子床 落地罩嵌饰“教子”纹样之一

图 569 朱漆贴金木雕重檐“熊梦呈祥”四柱架子床 落地罩嵌饰“教子”纹样之二

图 570 朱金木雕和合二仙飞檐嵌宝珠四柱架子床 窗枨花板“三娘教子”纹之一

图 571 朱金木雕和合二仙飞檐嵌宝珠四柱架子床 窗枨花板“三娘教子”纹之二

（五）儿童嬉戏纹样

杨维桢《六宫戏婴图》诗："百子图开翠屏底，戏弄哑哑未生齿。"宋代辛弃疾《鹧鸪天·祝良显家牡丹一本百朵》:"恰如翠幕高堂上，来看红衫百子图。"可见古代早有儿童形象和他们在生活中活泼成长的各种图画。尤其是明清朱金木雕架子床这类用作婚床的家具，更喜爱选用儿童题材，结合历史的记载和传统的故事，在传承中淋漓尽致地发扬光大。

1."五子夺魁"纹

民间吉祥图案。中国古代实行科举考试制度，凡为父母者皆期待子孙能得状元及第。然状元全国仅一名，故鼓励孩子们各自努力学艺。朱金木雕架子床中描画的"五子夺魁"图案，常作大儿手中持一盔帽，"盔""魁"同音，以夺盔象征高中状元。（图 572—576）

图 572　朱金木雕重檐八字门式四柱架子床 挂檐书卷匾"五子夺魁"纹饰

图 573　朱金木雕重檐六匾八字门式踏板架子床 门额花板"五子夺魁"纹饰

图 574　朱金漆木雕飞檐垂柱双匾落地罩八字门式架子床 门额花板“五子夺魁”纹饰

图 575　朱金木雕四檐飞鸟垂柱围窗踏板式六柱架子床檐板木雕“五子夺魁”纹

图 576　朱金木雕飞檐门罩式四柱架子床 门罩圆景图案“五子夺魁”纹

2.“状元游街”纹

由状元率领新科进士看榜，随即由顺天府尹给状元插花、披红绸，新状元骑上御赐的高头大马,走过天街,以显示“皇恩浩荡”。这就是被称为“金殿传胪”的仪式。传胪后，一甲三人插花披红，状元用金银质簪花，诸进士用彩花，由鼓乐仪仗拥簇出正阳门，随后跨马游街，备伞盖仪送回会馆住所。其余二甲、三甲由东华门、西华门出宫。这就是民间传说的“状元游街”的故事，故儿童嬉戏，模仿行事。朱金木雕飞檐百子图围窗式八字门架子床，门额上一幅扛旗敲锣、抬轿走街、喜悦取乐的装饰纹样，是这一儿童题材十分典型的代表作品。(图 577)

3.“竹报平安”纹

传统吉祥寓意纹样。段成式《酉阳杂俎续集・支植下》云:“北都惟童子寺有竹一窠，才长数尺，相传其寺纲维每日报竹平安。”纲维，主管僧寺事务的和尚。后以“竹报平安”指平安家信,也简称“竹报”。又有民间传说:西云山住有身长丈余的山鬼,人遇染百病。一个叫李畋的人,为了避遇山鬼,早晚把竹子投入火里使之爆响，其声让山鬼害怕而逃离，使大家都躲过了灾难。后来从除夕到元旦,家家户户燃放纸卷的爆竹,意在驱邪魔,迎平安。故有“爆竹声中一岁除”或“爆竹一声除旧，桃符万象更新”等诗句。图案则有画竹或儿童放爆竹，寓意报平安。朱金木雕架子床将此题材应用在相应的部件上,设计了多种多样的纹样,利用木雕、朱漆、金色等工艺手法,创作出至今依然逗人欢乐的儿童形象。(图 578—580)

4.“舞龙灯”纹

古代百姓的心目中，龙有着消灾除患和呼风唤雨的功能，中国自古以来是农业立国，最需要的是风调雨顺，五谷丰收，人们渴望和祈求得到龙的庇佑，所以形成了舞龙的习俗。早在汉代时期，舞龙灯活动已很普遍。至唐宋，舞龙灯在民间已很兴盛，舞龙灯的形式和表演技巧已很完善。尤其是每年的元宵节，民间各地乡村，总有要龙灯的活动，这些活动成了人们一种渴望美好生活的象征。朱金木雕飞檐垂柱“麟趾呈祥”四柱架子床门窗上一幅舞龙灯的纹样，构图完美，气氛祥和，色彩斑斓，儿童稚气可爱，是很有创意的传统图案形式。(图 581)

5."舞狮子"纹

舞狮的寓意和象征是威勇和吉祥，在中国传统的习俗中，常以舞狮来驱逐鬼怪妖魔，展示人们的力量和威武。故每逢喜庆节日，如新张庆典、迎春赛会等，人们都喜欢敲锣打鼓，舞狮庆贺。舞狮是一种传统的民间艺术表演，表演者在锣鼓的衬托之下，装扮成狮子的模样，做出各种不同的狮子动作。舞狮还分南狮、北狮两种。明人张岱在《陶庵梦忆》中，有介绍浙江灯节时，大街小巷，锣鼓声声，处处有人围簇观看舞狮子的盛况。朱金木雕飞檐垂柱"麟趾呈祥"四柱架子床门窗上的这幅纹样，就是很有代表性的生动作品。(图 582)

图 577 朱金木雕飞檐百子图围窗式八字门架子床 横额装饰花板"状元游街"纹

图 578 朱漆贴金木雕重檐双匾四柱架子床 门额花板"竹报平安"纹

图 579 朱金木雕重檐三匾四柱架子床 门额花板"竹报平安"纹

图 580 朱漆彩金漆四檐木雕飞鸟垂柱围窗式踏板六柱架子床 檐花板"竹报平安"纹

图 581 朱金木雕飞檐垂柱"麟趾呈祥"四柱架子床 门窗裙板"舞龙灯"纹

图 582 朱金木雕飞檐垂柱"麟趾呈祥"四柱架子床 门窗裙板"舞狮子"纹

6.“婴戏”纹

儿童嬉戏纹样除以上几种带有主题性和节日庆贺活动的之外，更多的是表现日常生活中的各种游戏和玩耍，如荡秋千、放风筝、拍球、捉迷藏、钓鱼、练武艺等，在充满欢乐的气氛中描绘儿童童年时代的娱乐生活和健康成长。（图 583—593）

图 583 朱漆贴金描画飞檐四柱架子床 门窗花板“放风筝”纹之一

图 584 朱漆贴金描画飞檐四柱架子床 门窗花板“放风筝”纹之二

图 585 朱漆彩金漆四檐木雕飞鸟垂柱围窗式踏板六柱架子床 门窗花板“玩鱼灯”纹

图 586 朱金木雕重檐三匾四柱架子床 门额花板“捉迷藏”纹

图 587 朱金木雕重檐垂柱围屏八字门式架子床 门窗花板“捉迷藏”纹

图 588 朱漆贴金木雕重檐双匾四柱架子床 门额花板"放风筝"纹

图 589 朱金木雕飞檐百子图围窗式八字门踏凳架子床横额花板"钓鱼"纹

图 590 朱金木雕飞檐落地罩四柱架子床 门窗花板"荡秋千"纹

图 591 朱金木雕飞檐落地罩四柱架子床 门窗花板"练武艺"纹

图 592 朱金木雕重檐三匾四柱架子床 门额花板"拍球"纹

图 593 朱漆贴金木雕重檐双匾四柱架子床 门额花板"练武艺"纹

（六）神仙故事纹样

1."八仙"纹

道教中八位仙人常被组合在一起出游等，总称"八仙"。他们手中各执一物，均不相同：汉钟离，轻摇小扇乐陶然，常执一扇；吕洞宾，剑现灵光魑魅惊，常背一剑；张果老，鱼鼓频敲有梵音，常执鱼鼓；曹国舅，玉板和声万籁清，常执宝板；铁拐李，葫中岂只存五福，常带葫芦；韩湘子，紫箫吹度千波静，常执一箫；蓝采和，花篮内蓄无凡品，常携花篮；何仙姑，手执荷花不染尘，常执荷花。八位仙人，其中仅何仙姑为女子；相传他们有的在唐时修道成仙，有的在宋时修道成仙。八仙之名，相传始于元代，八仙的图案形象，常见于画轴、家具、杂器、

图 594　朱金漆木雕喜福飞檐画屏围窗踏板式架子床 檐撑"八仙"纹之一（吕洞宾、何仙姑）

图 595　朱金漆木雕喜福飞檐画屏围窗踏板式架子床 檐撑"八仙"纹之二（曹国舅、蓝采和）

图 596　朱金漆木雕喜福飞檐画屏围窗踏板式架子床 檐撑"八仙"纹之三（张果老、韩湘子）

图 597　朱金漆木雕喜福飞檐画屏围窗踏板式架子床 檐撑"八仙"纹之四（汉钟离、铁拐李）

图 598　朱漆贴金木雕重檐双匾四柱架子床 飞檐木雕"八仙"纹（张果老、铁拐李）

图 599　朱金木雕八仙飞檐四柱架子床 飞檐木雕"八仙"纹（韩湘子、汉钟离）

礼物之上，或与寿星老人相伴，或衬以古松仙鹤，取祝颂高寿之意。朱金漆木雕喜福飞檐画屏围窗踏板式架子床的四个檐撑装饰件，完好地保存了这一传统题材的立雕塑像，八仙两两一组，相互呼应，形象醒目，神情非凡，是不可多得的民间木雕艺术珍品。（图 594—597）

另有几组作品，惜已有残缺，但表现形式各异，各具鲜明的个性特征，同样可供品赏研究。（图 598—599）

2.“天官赐福”纹

道教奉天、地、水三神，亦叫三官，天官即其中之一。天官名为上元一品赐福天官，紫微大帝，隶属玉清境。天官由青、黄、白三气结成，总主诸天帝王。每逢正月十五日，即下人间定人之罪福，故称“天官赐福”，旧时用作祈福消灾的吉利话。农历正月十五日，也是汉族传统节日上元节。朱漆金彩木雕三檐“庆衍螽斯”八字门式四柱架子床的檐撑雕刻人物，（图 600—601）天官以雍容之态、金彩闪光的艺术形象，为架子床的装饰起到了醒目点睛的作用，不仅增添了家具环境的气氛，更是给主人送去了富贵、幸福、吉祥的庆贺。

图 600　朱漆金彩木雕三檐“庆衍螽斯”八字门式四柱架子床 檐撑“天官赐福”纹之一

图 601　朱漆金彩木雕三檐“庆衍螽斯”八字门式四柱架子床 檐撑“天官赐福”纹之二

3.“和合二仙”纹

和合二仙，又称“和合二圣”，即指寒山和拾得，他们两位都是唐代的高僧，后来演变为古代的神仙。他们一人手中执荷花，一人捧盒，盒盖稍微掀起，一群蝙蝠从盒内飞出。“荷”与“和”、“盒”与“合”同音，和合二仙取和谐好合之意。他们是主管婚姻的神仙，刻有和合二仙的装饰纹样或立雕的婚庆家具，就是希望“婚姻神仙”保佑夫妻婚姻幸福，和和美美。若一张婚床，上方刻有婚姻神和合二仙，保佑婚姻美满，下有一盆万年青，是希望夫妻感情持久的寓意。和合常有云纹相随，还常有花卉或如意纹作装饰，大多是为了烘托气氛，起到丰富和美化的作用。（图 602—610）

图 602 朱金木雕和合二仙飞檐嵌宝珠四柱架子床 飞檐角“和合二仙”纹之一

图 603 朱金木雕和合二仙飞檐嵌宝珠四柱架子床 飞檐角“和合二仙”纹之二

图 604 朱漆贴金木雕重檐“熊梦呈祥”四柱架子床 檐撑“和合二仙”纹之一

图 605 朱漆贴金木雕重檐“熊梦呈祥”四柱架子床 檐撑“和合二仙”纹之二

图 606 朱漆嵌螺钿雕书画飞檐垂柱圆洞门八字窗式架子床 挂落“和合二仙”纹

图 607 朱金木雕飞檐垂柱围窗画屏八字门式踏凳四柱架子床 挂落“和合二仙”纹

图 608　朱金漆木雕飞檐垂柱双匾落地罩八字门式架子床　门额“和合二仙”纹之一

图 609　朱金漆木雕飞檐垂柱双匾落地罩八字门式架子床　门额“和合二仙”纹之二

图 610　朱金木雕重檐三匾四柱架子床　雀替木刻“和合二仙”纹

4."刘海戏蟾"纹

"刘海戏金蟾"典故出自道教，由传说的辟谷轻身的人物附会而成。纹样一般由一长发少年以连钱为绳，戏钓金蟾构成。金蟾是一只三足青蛙，古时认为得之可致富。寓意财源兴旺，幸福美好。藏品朱金木雕重檐三匾四柱架子床的床柱雀替和朱金木雕"龙亭庆宴"立檐洞罩围窗四柱架子床的飞檐两端，均有"刘海戏蟾"意趣生动的透雕装饰构件。（图 611—613）

5."金童玉女"纹

唐徐彦伯《幸白鹿观应制》诗:"金童擎紫药,玉女献青莲。"元李好古《张生煮海》第一折："金童玉女意投机，才子佳人世罕稀。"道家中指侍奉仙人的童男童女，后泛指天真无邪的男孩女孩。故在明清朱金木雕架子床上也常出现十分可爱的"金童"和"玉女"的装饰件，匠师们塑造的造型形象特别逗人喜欢。朱金木雕飞檐百子图围窗八字门踏凳式架子床檐下的金彩木雕，无疑是这一纹饰中可圈可点的典范之作。民间工匠还借鉴古画婴戏题材的手法，将似凡间儿童游戏嬉笑模样的称之为仙童，组合在一起，寓意吉祥和福佑，寄托对安宁、富庶生活的企盼。如朱漆贴金木雕重檐"熊梦呈祥"四柱架子床、朱漆贴金木雕重檐双匾四柱架子床，床上刻画的仙童或金童玉女，生动传神，是对儿童天真烂漫表情的真实写照，寓意深刻。（图 614—615）

6."招财童子"纹

招财童子源于观音菩萨的"金童玉女"中的金童。福生城长者最小的儿子出生时，各种财宝自然涌出，故名招财。招财手托宝盘，其上常有元宝、如意等。招财童子是幸运符，有招财、开运、纳福、缘起、必胜、高中、平安之意。朱金木雕重檐垂柱落地罩四柱架子床上的童子形象，作一文一武的打扮，都富贵一身，光彩照人，或手托金元宝，或身怀册符，赐福施财，美满人间。（图 616—617）

图 611 朱金木雕重檐三匾四柱架子床 雀替木刻"刘海戏蟾"纹

图 612　朱金木雕“龙亭庆宴”立檐洞罩围窗四柱架子床 飞檐“刘海戏蟾”纹之一

图 613　朱金木雕“龙亭庆宴”立檐洞罩围窗四柱架子床 飞檐“刘海戏蟾”纹之二

图 614　朱漆贴金木雕重檐“熊梦呈祥”四柱架子床“金童玉女”纹

图 615　朱漆贴金木雕重檐双匾四柱架子床 书卷匾图案“仙童”纹

图 616　朱金木雕重檐垂柱落地罩四柱架子床 门罩床匾“招财童子”纹之一

图 617　朱金木雕重檐垂柱落地罩四柱架子床 门罩床匾“招财童子”纹之二

7.“遇仙记”纹

“仙界一局棋，人间过百年”，这是民间《遇仙记》的故事。朱金木雕“鸾凤双栖”门窗嵌珠四柱架子床挂落上，绘有童子山中问道于采药仙人，左右为二仙翁树下对弈，浑然是“山中方一局，世外已千年”的仙家境界。（图618）在挂落上的画面中，时光都停住了脚步，百十年前这局棋还没下完，棋桌上依然叠炮飞马、兵来将挡，旁观者笑而不言。一局棋走了那么久，这全部缘于那古时不知名的工匠的精深智慧和技艺，才产生了如此精妙绝伦的装饰艺术。

这个故事又名“仙缘”，描绘了一名打柴夫在山上遇仙人下棋，回到人世已过百年，画面呈现出空静清幽的仙界景象。（图619—620）

图618 朱金木雕“鸾凤双栖”门窗嵌珠四柱架子床 门窗裙板“遇仙记”纹

图619 朱金木雕“鸾凤双栖”门窗嵌珠四柱架子床 挂落匾饰“遇仙记”纹

图620 朱金木雕重檐三匾四柱架子床 檐花板“遇仙记”纹

8.“福禄寿三星”纹

传统纹样。福星，古称木星为岁星，所在有福，故又称福星。李商隐《北齐歌》:“东有青龙西白虎，中含福星包世度。”禄星，后世根据《论衡》总结而得:“人有命，有禄，有遭遇，有幸偶。命者，贫富贵贱也；禄者，盛衰兴废也。”寿星即南极老人星，古云:“老人一星弧矢南，一曰南极老人，主寿考，一曰寿星。”吉祥图案都有三位老人，寓意“三星高照”，鸿运通达。

在藏品朱漆贴金木雕飞檐“三星高照”围屏踏步床、朱金木雕飞檐垂柱圆门落地罩四柱架子床的装饰纹样中，福禄寿三位仙人似家中三位慈祥的老者，相聚一起，谈笑风生。传神的浮雕刻画，深浅得当，动态自然，神情生动。明快精致的画面深深地表现出了古人对人生的热爱，对美好生活长长久久的希望和期盼。(图621—622)

图621 朱漆贴金木雕飞檐“三星高照”围屏踏步床 飞檐木雕“福禄寿三星”纹

图622 朱金木雕飞檐垂柱圆门落地罩四柱架子床 门罩花板“福禄寿三星”纹

9.“三星童子”纹

福、禄、寿在民间流传为天上三吉星，俗称三星，古人把福、禄、寿三星作为生活中幸福、吉利、长寿的象征。这件朱金木雕飞檐落地罩四柱架子床，床罩中央卷轴式红匾图中的人物，右侧为福星，身前有二位童子，中间禄星，身穿官服，头戴高帽，手捧如意，寓意高官厚禄，左侧寿星，宽额长须，手捧寿桃，身侧有一童子手拉着一只梅花鹿跟随其后。童子即为招财童子。（图 623）整幅画面又示意“五福临门”。朱金木雕重檐垂柱墨道人题词八字门式四柱架子床，檐条卷轴式匾描绘了一幅喜气洋溢、生机勃发的“五福临门”典型图案。（图 624）

图 623 朱金木雕飞檐落地罩四柱架子床 门罩卷轴匾“三星童子”纹

图 624 朱金木雕重檐垂柱墨道人题词八字门式四柱架子床 檐条卷轴匾“五福临门”纹

10.“寿星”纹

“寿星”即“南极仙翁”。寿星在民间的形象是一位慈眉善目、和蔼可亲的老者，常骑毛驴倒着行走，或手中提着一根寿杖，在藏品架子床中常见。神话传说中，他是一位被人崇敬的星官，是司管世人寿限的神仙。（图 625）还传说他是玉皇大帝的长子，是神霄玉清真王长生大帝统天元圣天尊，也叫南极长生大帝、玉清真王等。司马迁《史记・封禅书》云：“寿星，盖南极老人星也，见则天下现安，故祠之以祈福寿。”《尔雅・释天》又说：“寿星，角、亢也。”角、亢二宿，是二十八宿中东方苍龙七宿中的头二宿，故郭璞注曰：寿星“数起角亢”，“列宿之长，故曰寿”。朱金木雕重檐三匾四柱架子床的立柱雀替木雕，塑造了一位金光闪烁的寿星老人，其手持寿杖，旁一官人手捧仙桃，似随同行，施寿增福，美满人间。（图 626）

图 625 朱漆贴金木雕重檐双匾八字门式踏凳架子床 飞檐亭木雕“寿星”纹

图 626 朱金木雕重檐三匾四柱架子床立柱雀替木雕“寿星”纹

11.“麻姑献寿”纹

麻姑生平阅历三次沧海变桑田而青春永驻。这件朱金木雕重檐三匾四柱架子床，立柱雀替上的麻姑面容慈祥，微笑回顾，一旁的仙女手捧仙酒，仙家的荣华安乐，人情味十足，令下界凡人钦羡不已。这件雕件金彩亮丽，雕工精美细致。（图 627）

图 627 朱金木雕重檐三匾四柱架子床立柱雀替木雕“麻姑献寿”纹

12.“天仙送子”纹

繁衍子嗣、传承香火一直是中华民族传统习俗极重视的人伦大事，人们都盼人丁兴旺，子孙发达。“天仙送子”即是民间一种信仰和寄托的象征。朱金木雕四檐垂柱围窗踏板架子床的门额花板上，朱金木雕重檐三匾四柱架子床的窗棂图案中，仙界神明从云端给凡间人家送来才俊儿郎的场景，鲜明地反映了人们心中的无比喜悦及尊崇备至的真切情怀（图 628—629）。朱金木雕“鸾凤双栖”琉璃木雕漏窗四柱架子床的挂落小插人，以送子形象刻画的立雕图案也是民间匠师创意中的“天仙送子”的直接表达。（图 630—631）

图 630 朱金木雕“鸾凤双栖”琉璃木雕漏窗四柱架子床 挂落小插人“天仙送子”纹之一

图 628 朱金木雕四檐垂柱围窗踏板架子床 门额花板“天仙送子”纹

图 629 朱金木雕重檐三匾四柱架子床 窗棂图案“天仙送子”纹

图 631 朱金木雕“鸾凤双栖”琉璃木雕漏窗四柱架子床 挂落小插人“天仙送子”纹之二

13.“张仙送子”纹

在云头上抱婴儿的老者，人称张仙，传说他能为积善人家送来才俊儿孙，民间传说苏轼、苏辙兄弟即为张仙送去苏家的。朱漆贴金木雕飞鸟人物垂柱四檐“鸾凤和鸣”拔步床的横额纹饰，刻画着一青年达官拱手向云端送子仙家致谢的情景。这一题材的广泛性，足以说明当时人们对美好家庭和得子祈福的真挚向往和深切期望。（图 632—633）

图 632　朱漆贴金木雕人物狮子垂柱四檐围窗拔步床　窗棂图案“张仙送子”纹

图 633　朱漆贴金木雕飞鸟人物垂柱四檐“鸾凤和鸣”拔步床　横额雕饰“张仙送子”纹

14.“文殊骑狮 普贤骑象”纹

这是以普贤菩萨、文殊菩萨为题材的传统纹饰，这两位菩萨是众菩萨之首。普贤骑象、文殊骑狮子的形象在初唐时已形成，到明清时期，文殊和普贤信仰兴盛，这件朱金木雕重檐垂柱围栏四柱架子床的立雕檐撑画面有八部护卫、帝释天尊、仪卫侍从等相簇拥，青狮和白象由皮肤黝黑的昆仑奴引领，热闹非常。全画敷彩，以石绿、薪石、石黄等为主，色调雅淡柔和。颜面肢体薄施晕染，线描细致，已脱离初唐、盛唐时那种浓郁绚丽、金碧辉煌的风格。

古人以象比喻吉祥，《魏书》卷十二 ：“元象元年（538）元月，有巨象自至砀郡陂中，南兖州获送于邺。丁卯，大赦，改元。”两宋时期，杭城明堂大祀时“游人嬉集”，观看象在游行，都是寓意大吉大利。朱金木雕架子床上，在檐下醒目的部件上常用作装饰题材，朱金木雕重檐垂柱围栏四柱架子床和朱金木雕五檐垂柱围窗八字门式踏板架子床的文殊骑狮、普贤骑象立雕作品，工艺精湛，形式感强烈，是十分珍贵的实物研究资料。（图 634—637）

（七）神兽瑞禽纹样

1. 麒麟纹

麒麟，亦作“骐骥”，简称“麟”，古代传说中的动物。一般作鹿状，独角，全身有鳞甲，尾像牛。麒麟的形象随时代而变化，较早似鹿体，后像马体，兽体，近似龙。《毛诗正义》注疏中说 ：“麟，麟身，马足，牛尾，黄色，圆蹄，一角，角端有肉，音中钟吕。”《大戴礼记》:“毛虫三百六十，而麟为之长。”《礼记》将“麟、凤、龟、龙”谓之“四灵”，而麟为“四灵之首，百兽之先”。有的把麒麟说成吐玉书，身上有翼，能从日月飞。被命名为天上星宿，成“五行之精”，“麒麟斗，则日月蚀”。麒麟性温良，“不履生虫，不折生草”，头上有角，角上有肉，“设武备而不用”，所以被认为是“仁兽”。“有王者则至，无王者则不至”或“王者至仁则书”。麟的出现，被认为是圣王之“嘉瑞”。《汉书・终军传》:“从上幸雍，获白麟，一角五蹄。”汉武帝因幸雍获麟，宰相、群宦来贺。

麒麟为仁兽，故在古代装饰中常见运用。山东武氏祠画像石、汉《麒麟碑》、《山阳麟凤碑》、陕西绥德汉墓画像上面的麒麟纹，其形都像鹿，头生一角，角上有圆球，有的为三角状。北魏《元晖墓志》四神外，另有一兽，马蹄、牛尾，头生一角。北朝至隋的铜镜纹饰，有兽作吐书状，与麟吐玉书相合。宋李明仲《营造法式》中的麒麟纹，出现了“麟”身，躯体变为狮、虎式的猛兽形。明清时，以麒麟作装饰纹的更多，有的头、尾渐变成龙纹，有的蹄也变成爪足形。

藏品朱金木雕重檐垂柱围屏八字门式架子床上的麒麟装饰纹样，形象特征十分鲜明，背上骑着威严的天神，降福人间而来（图 638）。有麒麟昂首驮童子的，寓意“麒麟送子”，还有与仙鹤、凤鸟纹样组合的图案，多被装饰在床匾，挂檐、门窗等花板上，大多与家庭生活有关联，表达期待兴旺发家、幸福富贵的愿望。（图 639—643）

图 634　朱金木雕重檐垂柱围栏四柱架子床　立雕檐撑“普贤骑象”纹

图 635　朱金木雕重檐垂柱围栏四柱架子床　立雕檐撑“文殊骑狮”纹

图 636　朱金木雕五檐垂柱围窗八字门式踏板架子床　门柱雀替立雕“普贤骑象”纹

图 637　朱金木雕五檐垂柱围窗八字门式踏板架子床　门柱雀替立雕“文殊骑狮”纹

图 638　朱金木雕重檐垂柱围屏八字门式架子床　檐撑立雕麒麟纹

图 639　朱金木雕四檐垂柱围窗踏板六柱架子床　门窗裙板麒麟纹之一

图 640　朱金木雕四檐垂柱围窗踏板六柱架子床　门窗裙板麒麟纹之二

图 641　朱金木雕重檐垂柱围栏四柱架子床　门匾“麒麟送子”纹

图 642　朱金木雕飞檐落地罩四柱架子床　门罩花板麒麟纹

图 643　朱漆贴金木雕狮亭飞檐垂柱四柱架子床　门额花板麒麟祥瑞纹饰

2. 独角兽纹

独角兽是一种传说中的神秘生物，拥有马的身体和一只长角。它在古代文化中被赋予了丰富的象征意义，被视为吉祥、纯洁和力量的象征，寓意忠贞、勇敢、坚忍不拔、美好、高贵和智慧、美丽、纯洁、爱情等。在中国古代传说里，《山海经·北山经》中的朧疏，就是东方独角兽的一种。西方神话中的独角兽则形如白马，额前有一个螺旋状角，原型已被公认为是印度犀牛。藏品朱金木雕重檐垂柱围屏八字门式架子床的檐撑部件中，就装饰有骑独角兽的典型图案形象，骑兽者手举枝鞭，还有一只蝙蝠从天而降，纹饰展现出了一种别致的新意。（图 644）

图 644 朱金木雕重檐垂柱围屏八字门式架子床 檐撑独角兽纹

3. 龙纹

龙是中国传说中体形最大的神物，古人认为它是最顶级的祥瑞。在古文献中有很多这方面的记述，有关它们的传说亦不少，多离奇神怪，众说不一。在殷人的卜辞里，有很多“龙”字，龙是殷人卜问的对象之一，是殷人崇拜的百神之一。龙纹原先是表示神武和力量的象征，后在封建社会被作为“帝德”和“天威”的标志，不准乱用。《说文》载，龙“能幽能明，能细能巨，能短能长”，能“兴云雨，利万物”，“注雨以济苍生”。《礼记·礼运》：“麟、凤、龟、龙，谓之四灵。”《本草纲目》载，龙“形有九似：头似驼，角似鹿，眼似兔，耳似牛，颈似蛇，腹似蜃，鳞似鲤，爪似鹰，掌似虎，背有八十一鳞，具九九阳数，口旁有须，颌下有明珠，喉下有逆鳞，头上有博山”。

在先秦以前，龙的图案形象较质朴粗犷，大部分没有肢爪，近似爬虫类动物。秦汉时的龙纹多呈兽形，肢爪齐全，似虎似马，常作行走状。发展至隋唐时，嘴角和腿部特长，尾部似蛇。宋代龙纹基本上和唐代近似，下颚开始上翘。元代时，出现飘拂状的毛发，腿部有“露筋露骨”的纹饰。明代时，筋骨演变为在腿上全部拉线，头上毛发上冲，龙须外卷或内卷，并出现风车状五爪。清代，龙头毛发横生，出现锯齿形腮，尾部有秋叶形装饰。明清家具上的龙纹与时代一脉相承，较多见于宫廷中使用的家具，且大都规整威严，气势雄伟，以云龙纹饰最普遍。由于封建社会严格的等级制度，民间龙纹一般以草龙为多，更多的是螭龙纹样。百床藏品中各种龙纹均具不同特点，图案形式丰富多样，有双龙戏珠等，均特色鲜明。

朱金木雕金龙飞檐六匾八字门式踏板架子床飞檐上的金龙纹，头有角，足有爪，身有鳞，行走于云间，始终保持着威严形态。（图 645—646）朱金木雕重檐垂柱墨道人题词八字门式四柱架子床飞檐上的双龙戏珠纹，也是民间塑造龙纹形象的优秀实例。（图 647）

图 645　朱金木雕金龙飞檐六匾八字门式踏板架子床 飞檐龙纹之一

图 646　朱金木雕金龙飞檐六匾八字门式踏板架子床 飞檐龙纹之二

图 647　朱金木雕重檐垂柱墨道人题词八字门式四柱架子床 飞檐双龙戏珠纹

4. 草龙纹

草龙纹的寓意是吉祥、幸福、美好。草龙又被称为“卷草缠枝龙”，是龙身与传统的卷草组合产生的一种纹饰，也是民间器物常见的装饰形式，在祝福、祝寿的装饰图案中都被刻画得十分精密细致。朱金木雕架子床上的草龙纹饰，大多朱色金彩，繁复华丽。（图 648—651）

5. 螭纹

螭，龙属。《史记·司马相如列传》:“骖赤螭青虬之蚴蟉蜿蜒。”《汉书·司马相如列传》:“于是乎鲛龙赤螭，䱭鰽渐离。”颜师古注:“文颖曰:‘龙子为螭。’张揖曰:‘赤螭，雌龙也。’如淳曰:‘螭，山神也。’”《广雅》云:“有角曰虬，无角曰螭。”故螭又称螭龙或螭虎龙，因变化不同，又有草龙等名称。螭纹寓意极为广泛，如江南民间还有蚕神之说，大抵都与吉祥有关。明清家具中螭纹应用十分普遍，无论用材贵贱，花纹巨细，从宫廷到民间，各类家具均有以螭作纹饰的。

朱金木雕架子床上的螭纹，形象突出，形式感强，有透雕、浮雕，有边饰纹样，有方形、圆形、长形、椭圆形等开光内构成的适合纹样，及大小不一的角纹样。形体变化灵活，虚实相宜，应用比较广泛，能取得很好的装饰效果。（图 652—654）

图 648 朱金木雕重檐八字门式四柱架子床 牙板双龙戏寿纹

图 649 朱金漆木雕飞檐落地罩八字门四柱架子床 飞檐双龙戏珠纹

图 650 朱漆贴金木雕重檐“庆衍螽斯”四柱架子床 飞檐卷草龙纹

图 651 朱金木雕重檐三匾四柱架子床 门窗花板草龙纹

图 652 朱金木雕飞檐垂花柱围栏式四柱架子床 框饰花边螭纹

图 653 朱金木雕飞檐垂柱“玉燕投怀”四柱架子床 框边双螭纹

图 654 朱漆贴金木雕飞檐“三星高照”围屏踏步床 挂牙透雕螭纹

6. 凤纹

相传凤为群鸟之长，是羽虫中最美者，飞时百鸟相随，在古代被尊为鸟中之王，是祥瑞的象征。《说文》:“凤，神鸟也。天老曰：凤之象也，鸿前麟后，蛇颈鱼尾，鹳颡鸳思，龙文虎背，燕颔鸡喙，五色备举……见则天下安宁。”雄为凤，雌为凰，雄雌同飞，相和而鸣。今以“凤凰于飞，鸾凤和鸣”为婚礼祝贺之辞。又《大雅》:“凤凰鸣矣，于彼高冈。梧桐生矣，于彼朝阳。”遂以“凤鸣朝阳”喻高才逢时，纹饰内容十分丰富。凤纹都以此为据，有作单凤的，亦有以凤和凰成双构成的，历代相传，代代无穷变化。朱金木雕架子床中的凤纹同样含义丰富，形象千姿百态，神情生动，精彩纷呈，时代风貌十分明显。（图 655—667）

图 655 朱金木雕重檐三匾四柱架子床 飞檐金凤纹

图 656 朱金木雕重檐垂花柱围屏架子床 飞檐凤纹

图 657 朱金木雕飞檐垂柱踏板式六柱架子床 飞檐牡丹凤纹

图 658 朱金木雕飞檐落地罩四柱架子床 檐条雕花板凤戏牡丹纹

图 659 朱金木雕飞檐落地罩四柱架子床 门罩仙人驾凤纹饰

图 660 朱金木雕飞檐书画围窗八字门式架子床 围窗花板凤凰栖牡丹纹

图 661 朱金木雕飞檐垂柱“玉燕投怀”四柱架子床 花板凤凰戏牡丹纹之一

图 662 朱金木雕飞檐垂柱“玉燕投怀”四柱架子床 花板凤凰戏牡丹纹之二

图 663 朱漆贴金木雕狮亭飞檐垂柱四柱架子床 门额花板童子驾凤纹饰

图 664 朱金木雕飞檐落地罩四柱架子床 门罩凤凰牡丹纹

图 665 朱金木雕飞檐垂柱式四柱架子床 门罩凤戏牡丹纹

图 666 朱漆描画柱檐式八字窗架子床 门立花边凤凰牡丹纹饰

图 667 朱金木雕飞檐落地罩四柱架子床 花边金凤牡丹纹

7.“凤栖梧桐”纹

《魏书・王勰传》:“凤凰非梧桐不栖。”意思是说凤凰只在梧桐树上栖息。《闻见录》:“梧桐百鸟不敢栖，止避凤凰也。”梧桐为树中之王，相传是灵树，能知时知令。凤栖梧桐，是华夏民族神秘古老的美丽传说。后有“凤凰非梧桐不栖”一说，凤凰择木而栖，并延伸为良禽择木而栖，比喻贤才择主而侍。朱金木雕架子床的这幅平地实雕金漆作品，取“凤栖梧桐”的典故，以立凤展翅回首，梧桐树风姿招展的画面，清晰地表现了人们对这一传说故事的美好情怀。(图 668)

8.“丹凤朝阳”纹

丹凤为鸾的一种,首与翼皆赤。《禽经》:“鸾,首翼赤曰丹凤。”《诗经・大雅・卷阿》:“凤凰鸣矣，于彼高冈。梧桐生矣，于彼朝阳。”比喻贤才赶上好时机。纹样常用来表达人们对美好未来、甜蜜爱情、幸福生活的向往和追求。(图 669)

9.“乘龙骑凤”纹

“乘龙骑凤”，源见“乘鸾”，指萧史、弄玉夫妇成仙飞升。古代神话传说中，凤与龙分别代表着阴阳之气和君上之象征，因此，也象征着乘龙骑凤的人具备君王般的聪明才智。《东观汉记・冯异传》:“上曰：‘我梦乘龙上天，觉寤，心中动悸。’”《剪灯新话・水宫庆会录》:“抛梁上，乘龙夜去陪天仗。袖中奏罢一封书,尽与苍生除祸瘴。”或谓女子升仙。唐李群玉《玉真观》:“高情帝女慕乘鸾，绀发初簪玉叶冠。”唐赵嘏《代人赠别》:“会须携手乘鸾去，萧史楼台在玉京。”

“乘龙骑凤”也是一个成语，同呼风唤雨一样，意指一个人具备非凡的才华、能力和广博的知识,并在不同领域都表现出色。在明清时期的人文环境中，朱金木雕架子床装饰选用这样的题材，雕刻如此玲珑剔透的作品，也是主人和工匠们智慧的结晶。(图 670—671)

图 668 朱漆金彩嵌宝珠垂柱围窗重檐拔步床“凤栖梧桐”纹

图 669 朱漆贴金木雕重檐“熊梦呈祥”四柱架子床 门额边饰“丹凤朝阳”纹

图 670 朱金木雕飞檐垂柱四柱窗罩架子床 飞檐透雕骑凤纹

图 671 朱金木雕飞檐垂柱四柱窗罩架子床 飞檐透雕乘龙纹

10. 狮子纹

狮子，中国古时称“狻猊”。《尔雅·释兽》郭璞注：“（狻猊）即狮子也，出西域。”相传狮为百兽之王，是权力与威严的象征。佛教经典对狮子非常推崇。《玉芝堂谈荟》：“释者以师（狮）子勇猛精进，为文殊菩萨骑者。”《潜研堂类书》称狮子为兽中之王，可镇百兽。故古代常用石狮、石刻狮纹以“镇门”“镇墓”和“护佛”，用作辟邪。《汉书·西域传》：“乌戈山离国有桃拔、师子、犀牛。”注引孟唐曰：“师子似虎，正黄，有髯耏，尾端茸毛大如斗。”《本草纲目》：“陶九成言：其食诸禽兽，以气吹之，羽毛纷落。熊太古言：其乳入牛羊马乳中，皆化成水。虽死后，虎豹不敢食其肉，蝇不敢集其尾。”藏品架子床中亦多有以狮子作题材，表现“狮子戏绣球”之类内容的装饰图案。（图672—674）纹样中的狮子造型各具特色，根据不同的形式寓意，结合相应的环境，匠师们通过精心设计，以娴熟的技艺，将它们完美地装饰在特定的部件上。（图675—676）

图672 朱金木雕飞檐垂柱围窗式架子床 门窗花板双狮滚绣球纹饰

图673 朱金木雕飞檐垂柱围窗画屏八字门式踏凳四柱架子床沿板双狮滚绣球纹饰

图674 朱金木雕重檐四柱架子床 牙板双狮滚绣球纹饰

图675 朱漆贴金龙狮飞檐垂柱围窗拔步床 飞檐双狮滚绣球纹饰

图676 朱金木雕重檐垂柱墨道人题词八字门式四柱架子床 檐饰金狮滚绣球纹

11."太师少师"纹

太师，古时官名。西周始置，汉以后，以太师、太傅、太保为三公。少师，春秋楚国始置，历代相沿，与少傅、少保合称"三少"。传统纹饰以一大狮与一小狮构成，"狮"与"师"同音，象征官禄太师少师代代相传之意。也有太师传承教导，培养后代成长以及祈福吉祥等含义。朱漆贴金木雕飞檐"鸾凤呈祥"四柱架子床、朱金木雕重檐六匾八字门式踏板架子床等藏品的各式构件上，有着许多取其寓意组成的装饰图案。(图 677—680)

图 677　朱漆贴金木雕飞檐"鸾凤呈祥"四柱架子床 门窗花板"太师少师"纹饰

图 678　朱漆贴金木雕重檐"熊梦呈祥"四柱架子床 飞檐木雕"太师少师"纹饰

图 679　朱金木雕重檐六匾八字门式踏板架子床 飞檐亭阁"太师少师戏球"纹饰

图 680　朱金木雕飞檐双罩斜窗式四柱架子床 飞檐木雕"五狮图"纹饰

12. 蝙蝠纹

蝙蝠不是鸟，也不是鼠，而是一种能飞翔的哺乳动物，属动物学中的翼手目。这些特别的形体特征，使人们获得丰富的联想，民间匠师通过夸张、变形等装饰手法，创作了许多图案化的蝙蝠形象，形成了我国民间传统纹样宝库中一份十分典型、独具个性特征的艺术资料。（图 681—683）

在我国传统装饰艺术中，蝙蝠的形象被当作幸福的象征。“蝠”与“福”字谐音，蝙蝠的飞临，寓意“进福”，即幸福像蝙蝠那样自天而降，故常以蝙蝠飞翔于云中的纹样比喻幸福。纹饰中以两个蝙蝠相对，寓“双福”之意。蝙蝠纹更多的与谐音的内容组合在一起，如与磬、口衔绶带、圆环，或与下垂双鱼、流苏，或与桃子、如意、古印、寿字纹样等组合构成的各种画面，都是民间最喜闻乐见的吉祥图案。“福寿双全”“福寿如意”“福在眼前”等纹样均已成为颇受欢迎的经典作品。（图 684—688）

图 681 朱金木雕飞檐落地罩“熊梦呈祥”八字门式四柱架子床 牙板蝙蝠纹饰

图 682 朱金木雕狮宫飞檐四柱架子床 挂落蝙蝠纹饰

图 683 龙凤飞檐朱漆贴金垂柱拔步床 门窗牙板金蝙蝠纹饰

图 684 朱漆贴金木雕飞檐“三星高照”围屏踏步床 飞檐祥云蝙蝠纹饰之一

图 685 朱漆贴金木雕飞檐“三星高照”围屏踏步床 飞檐祥云蝙蝠纹饰之二

图 686 朱金木雕金龙飞檐垂柱踏板架子床 飞檐祥云蝙蝠纹饰

图 687 朱金木雕重檐六匾八字门式踏板架子床 檐条花板“福到眼前”纹

图 688 朱金木雕重檐六匾八字门式踏板架子床 门窗挂牙“福到眼前”纹

13.“五福捧寿”纹

《书经》:“五福，一曰寿，二曰富，三曰康宁，四曰攸好德，五曰考终命。”蝙蝠之“蝠”与“福”字同音，故以“五蝠”代表“五福”。“五蝠”围着一个“寿”字，俗称“五福捧寿”，是民间广为流传的一种传统吉祥图案。藏品朱金木雕飞檐垂柱式四柱架子床，床体牙板上的“五福捧寿”纹样中，五只蝙蝠围绕一个圆形的“寿”字，作对称式的构图设计，姿态各异，形象生动，是一幅别致而完美的图案佳作。（图 689）

（八）动物纹样

1. 鹿纹

鹿，古代认为是一种神兽，人可乘骑升仙。两汉初期诗赋《楚辞·哀时命》:“骑白鹿而容与。”《艺文类聚》卷九十九引《瑞应图》:“天鹿者，纯善之兽也，道备则白鹿见，王者明惠及下则见。”北周庾信《庾子山集》一春赋云:“艳锦安天鹿，新绫织凤凰。”所以古代装饰以鹿为题材的不少，朱金木雕架子床家具上也常有鹿纹。（图 690—692）还有一幅纹样上有两只梅花鹿，相对顾盼，构图均齐，背景以石表示山，以树代表林，金色明媚，内容与形式均颇具新意。（图 693）朱漆立框檐画屏围窗八字门窗式架子床牙板上一幅实地浅雕图案，中间是“福寿双磬”，周围以喜蛛、吉磬、天鹿等比喻喜从天降、平安吉祥和快快乐乐，是一幅独具匠心的福、禄、寿寓意纹样。（图 694）

2.“鹿鹤同春”纹

“鹿鹤同春”又名“六合同春”。六合是指天地四方（天、地、东、南、西、北），亦泛指天下，李白诗云 :“秦王扫六合，虎视何雄哉！”“六合同春”即天下皆春，万物欣欣向荣。古时运用谐音的手法，以“鹿”取“陆”之音，“鹤”取“合”之音，“春”的寓意则取花卉、松树、椿树等。这些形象，组合起来构成“六合同春”吉祥图案。朱漆立框檐画屏围窗八字门窗式架子床的门窗裙板上，一幅平地浅雕的鹿鹤同春纹样，一鹿回首与站在树上前俯的一鹤对视，生趣传神，山石之中松树、椿树和春花一应俱全，大有春意盎然、万象更新的气象。（图 695）

图 689　朱金木雕飞檐垂柱式四柱架子床 牙板“五福捧寿”纹

图 690　朱漆贴金木雕飞鸟人物垂柱四檐“鸾凤和鸣”拔步床 窗花板双鹿纹

图 691　朱金木雕飞檐双罩斜窗式四柱架子床 窗花板双鹿纹

图 692　朱漆立框檐画屏围窗八字门窗式架子床 横额花板鹿纹

图 693　朱金木雕飞檐垂柱“熊罴入梦”八字门式四柱架子床 横额花板双鹿纹

图 694　朱漆立框檐画屏围窗八字门窗式架子床 牙板“福禄寿”纹饰

图 695　朱漆立框檐画屏围窗八字门窗式架子床 门窗裙花板“鹿鹤同春”纹

3.“八骏马”纹

传说周穆王有八匹骏马。一说《穆天子传》中记载:“天子之骏:赤骥、盗骊、白义、逾轮、山子、渠黄、华骝、绿耳。”皆因其毛色为名。另据《拾遗记》记载:“(穆)王驭八龙之骏:一名绝地,足不践土;二名翻羽,行越飞禽;三名奔霄,夜行万里;四名超影,逐日而行;五名逾辉,毛色炳耀;六名超光,一行十影;七名腾雾,乘云而奔;八名挟翼,身有肉翅。”这些骏马以其行迹而名。朱金木雕飞檐垂柱围窗画屏踏凳八字门式四柱架子床的两块门额花板八骏马图,用笔洗练,刀法娴熟,神态各异,栩栩如生,是优秀的装饰艺术品。(图 696—697)

4. 牛纹

《诗经·无羊》记载:“谁谓尔无牛,九十其犉。”据文献记载,当时设有“牛人”一职,专门掌管供应各种肉牛和军需所用的牛,并将牛分为宾客之牛、积膳之牛、膳羞之牛、军事用的犒牛、丧事用的奠牛及军旅行役的兵车之牛等种类。自中国社会迈入封建社会后,牛与人们生产生活的关系更加密切,并逐渐成为中华民族勤劳、勇敢、仁厚、无私奉献的精神象征。牛是十二生肖动物中艺术表现形式最为丰富的动物之一。自古以来,牛也是广受青睐的艺术创作题材之一。朱金木雕飞檐垂柱“熊罴入梦”八字门式四柱架子床飞檐纹饰中亭外的牛纹形象,神态憨厚,以对称式构图突出个性特征,更加引人注目。(图 698)

5. 羊纹

《说文解字》:“羊,祥也。”早在汉代,铜洗上就刻画有羊纹和子母羊纹等,并有“大吉羊”铭文,即“大吉祥”。故而羊在中国古代又被当成灵兽和吉祥物,在朱金木雕架子床装饰纹样中,也是应用较多的传统题材之一。(图 699—700)

图 696 朱金木雕飞檐垂柱围窗画屏踏凳八字门式四柱架子床 门额花板“八骏马”纹饰之一

图 697 朱金木雕飞檐垂柱围窗画屏踏凳八字门式四柱架子床 门额花板“八骏马”纹饰之二

图 698　朱金木雕飞檐垂柱“熊罴入梦”八字门式四柱架子床 飞檐亭阁牛纹饰

图 699　朱金木雕飞檐垂柱围窗画屏踏凳四柱架子床 门窗花板羊纹饰

图 700　朱金木雕立檐“鸾凤和鸣”圆洞门四柱架子床 门窗花板羊纹饰

6.“三阳开泰”纹

《易经》中，十月为坤卦，纯阴之象；十一月为复卦，一阳生于下；十二月为临卦，二阳生于下；正月为泰卦，三阳生于下；冬去春来，阴消阳长，有吉亨之象。故旧时以“三阳开泰”为一年开头的吉祥语。《宋史·乐志七·绍兴以来祀感生帝》：“三阳交泰，日新惟良。”这句话是说：青阳、红阳、白阳交集于泰，每日都有万物更新的好事。所以“三阳开泰”寓意冬去春来，大地回春，万象更新，象征着对兴旺发达、诸事顺遂的称颂。

明张居正《张文忠集十二贺元旦表二》：“兹者，当三阳开泰之候，正万物出震之时。”吉祥图案以羊寓阳，“三羊”为“三阳”，与日纹和风景等组成纹样。故民间装饰图案中常见有两只羊和一只小羔羊在一起的画面，寓意祈福、吉祥如意。（图 701）

7. 兔子纹

虎尾系财气，兔首摇福音，多喜乐，长安宁。兔子耳长、尾短，善奔跑、跳跃，可爱温顺，是我国传统的十二生肖之一。杜甫《月》诗有“入河蟾不没，捣药兔长生”句。在很多神话故事和民间传说中，玉兔居于月宫之中，人们将玉兔当作月亮的象征，其也成了明月的代名词，为兔子的形象增加了一份浪漫的色彩。

兔纹在明清朱金木雕架子床上，均表现为长长的耳朵、小小的尾巴，有着多重寓意，如长寿吉祥、多子多福、爱情、时光岁月等象征意义。（图 702—705）

图 701　朱金木雕立檐“鸾凤和鸣”圆洞门四柱架子床 门窗花板“三阳开泰”纹

图 702 朱金木雕四檐飞鸟垂柱围窗踏板式六柱架子床 檐条板兔纹

图 703 朱金木雕四檐飞鸟垂柱围窗踏板式六柱架子床 檐条板兔纹

图 704 朱漆贴金木雕四重檐垂柱“兰桂腾芳”拔步床 檐条板兔纹

图 705 朱漆立框檐画屏围窗八字门窗式架子床 门窗花板兰花兔纹

（九）禽鸟虫纹样

1. 鸡纹

“鸡”谐音为“吉”，所以它代表大吉大利，从黄帝和尧舜禹的时代起，鸡就被认为是吉祥之征、如意之兆。自古以来，有鸡鸣犬吠的地方就有人家和烟火，而雄鸡晨啼，则作为吉祥之喻、光明之象、勤劳之声。鸡象征着忠诚、守时、无私、勇敢和好运。公鸡是中国传统文化中的一个重要形象，其寓意和象征还涉及生育、祥瑞、权威、忠诚等多方面。古人认为鸡为上天降临人间的吉祥物。鸡在古代有“五德（文、武、勇、仁、信）之禽”的美誉，据《韩诗外传》记载：“头戴冠者，文也；足傅距者，武也；敌在前敢斗者，勇也；见食相呼者，仁也；守夜不失时者，信也。”

中国古代传统家具取家禽为题材的装饰多见于朱金木雕架子床，因与民俗“家”的观念尤为贴切，上述的种种意义都能通过“鸡”比较直接地得到显示。工匠们在创作中还适应这些“床”在礼仪中的要求，体现出丰富的精神和文化内涵，使这一装饰纹样进一步发扬光大。（图 706—709）

2. 鸭子纹

在民俗中，鸭子的鸭谐音“甲”，而甲乙丙丁中，甲是第一等。在古代的科举中，还常有芦苇之说，“芦”谐音“胪”，芦苇即“传胪”的意思。藏品朱漆贴金木雕飞鸟人物垂柱四重檐拔步床的鸭子装饰纹饰，寓意子孙兴旺、家业发达。（图 710）

图 706 朱漆贴金木雕飞鸟人物垂柱四重檐拔步床 檐板实地深雕鸡纹

图 707　朱漆立框檐画屏围窗八字门窗式架子床 门窗绦条板平地浅刻鸡纹

图 708　朱漆贴金木雕重檐双匾四柱架子床 门窗裙板“魁中报喜”纹

图 709　朱金木雕金龙飞檐垂柱踏板架子床 门窗裙板“早生贵子”纹

图 710　朱漆贴金木雕飞鸟人物垂柱四重檐双凤拔步床 檐板实地深雕鸭子纹

3. 锦鸡纹

中国最早的鸟类文献《禽经》中记载:“腹有采文曰锦鸡。状如鸠鸽，膺（胸部）前五色如孔雀羽。出南诏越山中，岁采捕之，为王冠服之饰。”锦鸡因其羽色艳丽，很早就被用于装饰，受到世人的喜爱。

锦鸡又称金鸡，形体优美，羽色鲜亮华丽，民间誉为吉祥鸟。人们把它当作勤劳勇敢、顽强拼搏、奋发向上、追求光明、创造幸福的象征。锦鸡全身羽毛颜色互相衬映，赤橙黄绿青蓝紫，光彩夺目，是驰名中外的观赏鸟类，为中国特有鸟种，分布的核心区域在中国甘肃和陕西南部的秦岭地区。

锦鸡纹饰也深受古人的青睐，古时各类工艺美术品上有很多优秀之作。朱金木雕架子床、拔步床在门额、檐板、门窗等部件装饰的锦鸡纹图案，无不金彩斑斓、景色明媚，锦鸡或在梅花树下，或与牡丹相伴，或在松林幽谷之中，成对栖息，情意浓浓。（图 711—714）

4. 云燕纹

燕子古称玄鸟，是商代先民崇拜的神。唐诗有“年去年来来去忙，春寒烟暝渡潇湘。低飞绿岸和梅雨，乱入红楼拣杏梁”“不知大厦许栖无，频已衔泥到座隅。曾与佳人并头语，几回抛却绣工夫”等，燕子在诗中都是感怀抒情的象征。朱金木雕飞檐围栏式六柱架子床挂落上雕琢的云燕纹，也多有吉祥之意。纹样刻画了在富有动感的云朵组合中，一燕展翅飞翔、回首盼望的神情，机智、灵活、生动，极富有生活气息，是很有艺术感染力的作品。（图 715—716）

5.“杏林春燕”纹

据葛洪《神仙传》，相传三国时吴国人董奉“颇多神异”，善医道，有人病故三日，他用药使之起死回生。又传董奉居庐山（乐史《太平寰宇记》说在钟离县杏山，今安徽省滁州市凤阳县东北），不种田地，每日免费为人治病，只让治愈的病人为其栽种杏树作为报酬，凡重病得愈者，栽杏五株，轻者一株。如此数年，得杏树万株。后人便以“杏林”称颂医家，如“誉满杏林”“杏林春满”等。杏林中飞着双燕，隐喻一派欣欣向荣、春意盎然的气氛。

朱金木雕飞檐垂柱“熊罴入梦”八字门式四柱架子床、朱漆贴金木雕人物狮子垂柱四檐围窗拔步床上的“杏林春燕”图案中，杏树枝叶茂盛，飘逸舒展，飞燕姿态神往，疾转前飞，极富诗意。（图 717—718）

图 711 朱漆贴金木雕飞鸟人物垂柱四重檐拔步床 檐板锦鸡纹

图 712 朱金木雕四檐飞鸟垂柱围窗踏板式六柱架子床 檐板锦鸡纹

图 713 朱金木雕飞檐嵌宝珠四柱架子床 檐板锦鸡纹之一

图 714 朱金木雕飞檐嵌宝珠四柱架子床 檐板锦鸡纹之二

图 715 朱金木雕飞檐围栏式六柱架子床 挂落云燕纹之一

图 716 朱金木雕飞檐围栏式六柱架子床 挂落云燕纹之二

图 717 朱金木雕飞檐垂柱“熊罴入梦”八字门式四柱架子床 檐条板“杏林春燕”纹

图 718 朱漆贴金木雕人物狮子垂柱四檐围窗拔步床 檐条板“杏林春燕”纹

6.“喜上眉梢”纹

古人以喜鹊作为喜的象征。《开元天宝遗事》:“时人之家，闻鹊声皆以为喜兆，故谓喜鹊报喜。”《禽经》:“灵鹊兆喜。”可见早在唐宋时代即有此风俗。当时的许多工艺美术作品上，已有很多喜鹊的题材。同时，我国人民以喜爱的梅花谐音“眉”字，组成喜鹊登上梅花枝梢的纹样，即称之为“喜上眉梢”，是民间喜闻乐见的吉祥图案之一。自明至清，“喜上眉梢”纹已常用作家具装饰，朱金木雕架子床、拔步床更加青睐此纹样。几乎在各种部件上，都有选用这一题材的装饰，并经过工匠的精心设计制作，产生了许多令人赞不绝口的好作品，给我国传统装饰艺术宝库留下了许多时代风格十分鲜明的珍品杰作。(图 719—727)

图 719　朱金木雕重檐垂柱围屏八字门式架子床 挂落“喜上眉梢”纹

图 720　朱金木雕八仙飞檐垂柱四柱架子床 门罩雕花结子“喜上眉梢”纹

图 721　朱金木雕重檐垂柱墨道人题词八字门式四柱架子床 檐条板“喜上眉梢”纹

图 722　朱金木雕飞檐落地圆门罩八字式四柱架子床 八字站牙透雕“喜上眉梢”纹

图 723　朱金木雕飞檐垂柱“熊罴入梦”八字门式四柱架子床 檐条板“喜上眉梢”纹

图 724　朱金漆木雕五檐围窗踏凳式八字门架子床 门罩“喜上眉梢”纹

图 725　朱金木雕八仙飞檐垂柱四柱架子床 檐花板“喜上眉梢”纹

图 726　朱金木雕重檐锦地“玉燕投怀”四柱架子床 檐条板“喜上眉梢”纹

图 727　朱金木雕飞檐垂柱“熊罴入梦”八字门式四柱架子床 八字门窗板平地浅雕“喜上眉梢”纹

7. 鹤纹

鹤又称“仙鹤”。《淮南子·说林训》:“鹤寿千岁，以极其游。”鹤的寿命长，常被用作祝寿之辞，故历代装饰图案中多有鹤纹，常与松树、椿木相随，并与灵芝、桃子等组成“鹤寿延年”纹样，与云纹组成“云鹤”纹样等。这些纹样在明清家具中常被广泛应用。朱金木雕架子床中也不乏这一题材的作品，鹤的形象多姿多彩，常以翩翩起舞的动态表现仙鹤展翅举足之美姿，纹样形象十分动人。(图 728—732)

8.“鹤寿延年”纹

“鹤寿延年”为传统寓意纹样。王建《闲说》:“鹤寿千年也未神。”灵芝比喻如意，桃子象征长寿，故用鹤与灵芝、桃子等组成“鹤寿延年”纹，多作为祝寿之辞。此类图案在藏品架子床中以精致、巧妙的图案形象而具有突出的形式特征和别致的装饰意味。(图 733—734)

9.“松鹰”纹

传统寓意纹样。松为常青傲立的象征，鹰比喻英雄之概，古人常用松鹰表达英雄、机智的寓意。藏品朱金木雕拔步床，在窗棂上雕苍鹰、山石、松树等，透空灵通，金彩明亮，题材内容主题鲜明，寓意精深，虽系床窗格子上的一个个结子装饰小件，却犹如一幅完美的装饰图画。图案章法得宜，雕刻刀法精丽，同样十分耐人寻味。(图 735—736)

图 728 朱金木雕垂柱落地门罩“麒麟送子”四柱架子床 门罩木雕鹤纹

图 729 朱漆金彩嵌宝珠垂柱围窗重檐拔步床 门窗花板“松鹤同春”纹饰

图 730 朱金木雕飞檐垂柱围窗式八字门架子床 门窗仙鹤椿树纹

图 731 朱漆木雕书文框景立檐垂柱式金联四柱架子床立檐框景图案“松鹤同春”纹饰

图 732 朱漆贴金木雕飞鸟人物垂柱四檐“鸾凤和鸣”拔步床 檐板“鹤舞”纹饰

图 733 朱金木雕飞檐百子图围窗式八字门踏凳架子床檐条边饰“鹤寿延年”纹

图 734 朱金木雕飞檐百子图围窗式八字门踏凳架子床挂匾托座“鹤寿延年”纹

图 735 朱漆贴金木雕飞鸟人物垂柱重檐饰双凤拔步床 窗棂结子“松鹰”纹之一

图 736 朱漆贴金木雕飞鸟人物垂柱重檐饰双凤拔步床 窗棂结子“松鹰”纹之二

10.“长寿”纹

绶带鸟的“绶”与“寿”谐音,“绶带”寓意长寿,“春光明媚,长命百岁”是祝福人们健康、益寿延年的象征。这件朱金木雕飞檐百子图围窗式八字门踏凳架子床中心的檐条纹样，雕有两两回首的绶带鸟及中间垂挂的双桃花饰图案，这一构成对称别致，形象饱满，寓意鲜明突出。(图 737) 在另一件架子床围窗裙板上，则以线刻的手法，描画了二幅相对的“春光长寿”图，画中前立山石,后配春花一枝,以长寿鸟为主纹,构成二幅长方形的单独装饰画,呈现出一番生机盎然、益寿晨晖的情趣。(图 738—739)

11.“一路连科”纹

封建科举制，分乡试、会试、殿试，若每试都能考中，则是仕途顺利，故谓“连科”。“鹭”与“路”谐音，“莲荷”与“连科”谐音，故民间常采用

图 737 朱金木雕飞檐百子图围窗式八字门踏凳架子床 檐条边饰“长寿”纹

图 738 朱漆贴金木雕立檐围窗拔步床 围窗裙板“春光长寿”图案之一

图 739 朱漆贴金木雕立檐围窗拔步床 围窗裙板“春光长寿”图案之二

一只鹭鸶鸟与莲荷组成装饰纹样，表示期盼赶考学子能一路顺风、三科连中。藏品朱金木雕四檐飞鸟垂柱围窗踏板式六柱架子床等，都有非常典型而出色的纹饰图案，画面中鹭鸟、莲荷相互呼应，充满着一股蒸蒸日上的精神和气息。（图 740—742）

12.“鸳鸯戏荷”纹

鸳鸯，崔豹《古今注》:“鸟类，雌雄未尝相离，人得其一，则一必思而死，故谓匹鸟。”雄曰鸳，雌曰鸯。民间即以此象征恋爱中之男女，有所谓“只羡鸳鸯不羡仙”之谚语。“鸳鸯戏荷”亦名“鸳鸯喜荷”，是民间家喻户晓的传统寓意图案，纹饰常描绘鸳鸯在荷花池中戏荷。朱金木雕飞檐书画围窗八字门式架子床的围屏窗板纹饰中，两鸳鸯在莲荷丛下顾盼戏游，比喻夫妻和睦，相亲相爱。（图 743）朱金木雕飞檐垂柱“玉燕投怀”四柱架子床门额花板上的“鸳鸯戏荷”纹，画面中有两只栖息的鸳鸯，似乎更有一种浪漫。（图 744）

图 740　朱金木雕四檐飞鸟垂柱围窗踏板式六柱架子床　檐板雕刻“一路连科”纹

图 741　朱漆贴金木雕飞鸟人物垂柱四重檐饰双凤拔步床　檐板雕刻“一路连科”纹

图 742　朱金木雕飘檐落地罩四柱架子床　牙板浅雕“双鹭戏荷”纹

图 743　朱金木雕飞檐书画围窗八字门式架子床　围屏窗板“鸳鸯戏荷”纹

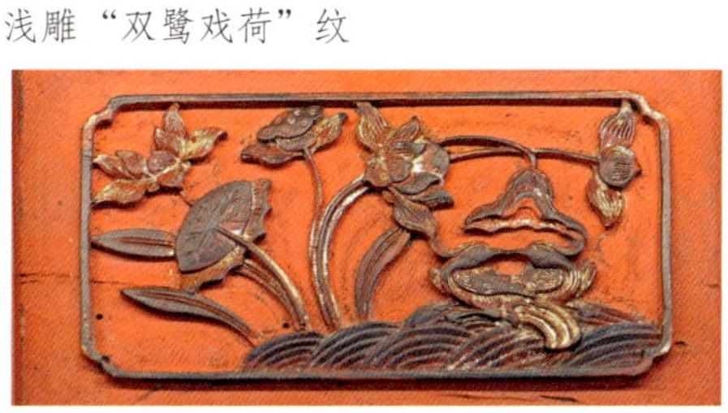

图 744　朱金木雕飞檐垂柱“玉燕投怀”四柱架子床　门额花板“鸳鸯戏荷”纹

13.“蝶恋花”纹

“蝶恋花”是宋词中著名的词牌名，也是文人雅士托物寄怀、借物咏志的常用词牌，具有浓郁的古典人文色彩。“蝶恋花”纹饰是借芬芳花卉、蝴蝶的浪漫寓意，表现爱情和夫妻情投意合的美满生活。朱金木雕架子床、拔步床中有多种多样的画面，花儿娇艳盛开，蝴蝶翩翩飞舞，色彩清新淡雅，充分地体现了民间祈祷富贵纳福、生活幸福的美好愿望。图案形式变化多，工艺手法灵活，是传统装饰宝库中的又一份珍贵遗产。（图 745—750）

14.“瓜瓞绵绵”纹

传统吉祥图案。《诗经·大雅》:“绵绵瓜瓞，民之初生，自土沮漆。”瓞，小瓜。沮、漆，水名。诗中周的祖先，像瓜瓞的岁岁相继一样，历传到太王才奠定了王业的基础。后用为祝颂子孙昌盛之辞。潘岳《为贾谧作赠陆机诗》:“画野离疆，爰封众子。夏殷既袭，宗周继祀。绵绵瓜瓞，六国互峙。”“瓞”与“蝶”同音;瓜多籽，民间常以蝴蝶和瓜，配以花卉，组成“瓜瓞绵绵”纹样,寓意子孙昌盛,事业兴旺。这也是民间十分喜闻乐见的传统装饰纹样，明清时期的朱金木雕架子床和拔步床中都有优秀的实例作品。（图 751—752）

图 745　朱金木雕花篮垂柱式四柱架子床 门额花板“蝶恋花”纹

图 746　朱金木雕花篮垂柱式四柱架子床 门窗绦条板“蝶恋花”纹

图 747　朱金木雕飞檐垂柱围窗画屏踏凳四柱架子床 门额花板“蝶恋花”纹

图 748 朱漆贴金木雕四柱架子床 檐条板“蝶恋花”纹

图 749 朱漆贴金木雕四柱架子床 牙板“蝶恋花”纹

图 750 朱漆贴金木雕人物狮子垂柱四檐围窗拔步床 檐花板“蝶恋花”纹

图 751 朱漆贴金木雕人物狮子垂柱四檐围窗拔步床 檐花板“瓜瓞绵绵”纹

图 752 朱漆金彩嵌宝珠垂柱围窗重檐拔步床 挂落透雕“瓜瓞绵绵”纹

15. 蝴蝶纹

蝴蝶的早期记载有《庄子·齐物论》:“昔者庄周梦为蝴蝶，栩栩然蝴蝶也，自喻适志与，不知周也。”庄生梦蝶，不知道是庄周变成了蝴蝶，还是蝴蝶变成了庄周，这个带有浪漫的典故，蕴含着一种高深的哲学思想。蝴蝶又叫蛱蝶，其最大的特色是体态优美、色彩绚烂。蝴蝶纹，通常是美丽的象征，在《红楼梦》第二十七回“滴翠亭杨妃戏彩蝶 埋香冢飞燕泣残红”中，就有宝钗扑蝶、黛玉葬花的唯美画面。宋朝百姓逢节日可见扑蝴蝶舞，花朝节亦有扑蝶会，这是古人通过蝴蝶来体现自由、美丽、爱情的文化活动，也表达了人们对美的追求和渴望。在朱金木雕架子床的装饰纹样中，各种不同的蝴蝶纹千姿百态，不少构件也以蝴蝶纹造型，无一不表达了对人生美好理想和对家庭美满幸福生活的追求。(图 753—756)

图 753 朱漆贴金木雕重檐双匾四柱架子床 门窗牙条蝴蝶纹

图 754 朱漆贴金木雕四重檐垂柱“兰桂腾芳”拔步床 窗棂蝴蝶纹

图 755 朱金木雕“龙亭庆宴”飞檐洞罩围窗四柱架子床 牙条板蝴蝶纹

图 756 朱漆金彩嵌宝珠垂柱围窗重檐拔步床 窗棂蝴蝶纹

16."猫蝶耄耋"纹

耄耋常用来泛指老人。《盐铁论·孝养》:"七十曰耄。"《尔雅·释言》:"八十为耋。"《对酒》:"耄耋皆得以寿终。""猫"与"耄"、"蝶"与"耋"同音,牡丹寓意富贵,古人常以牡丹、蝶或猫组成图案,赠送给老年长者,取其富贵长寿之意。若饰以两只蝴蝶的纹样,则象征着夫妻长寿,白头偕老。藏品中有一幅富丽堂皇的"猫蝶"纹图案,沿"耄耋"之意,以祝愿长寿。(图757)

图757 朱漆木雕书文框景立檐垂柱式金联四柱架子床 立檐框景"猫蝶耄耋"纹

17."荷塘清趣"纹

古代文人喜爱清闲的生活,在案净窗明的环境中,一塘雅洁的莲荷间,有小鸟或稚鸭嬉戏,会给人带来无限的联想和情趣。

这件朱漆木雕书文框景立檐垂柱式金联四柱架子床,纹样正中有一朵盛开的荷花,下部荷叶中窜出一枝莲蓬与一丛芦草,芦秆上一只全神贯注的小鸟似看到水面上有什么动静,准备飞向前去。上部轻疏,下部静稳,中心的一朵丰腴的莲花,使构图获得了均衡感,且莲花茎叶姿态各异,错落有序,静中有动,虚实相宜,画面充分地反映了作品的主题思想,表现了纹饰的美感和情趣。(图758)

图758 朱漆木雕书文框景立檐垂柱式金联四柱架子床 门窗裙板"荷塘清趣"纹

（十）水族纹样

1. 鱼纹

鱼与“余”谐音，即为丰饶、富贵之意，民间常以“鱼”寓意“年年有余”。鱼在水中与水藻组成“鱼藻纹”。《尔雅·释地》中写道：“鱼丽，言太平、年丰、物多也。”鱼，生殖繁盛，有多子多孙的祝福含义，故而在民间被奉为生殖神，常被用于婚姻的隐喻，如以鱼水之情比喻夫妻之情。几千年历史的传统鱼纹图案，承载着深厚的民族历史文化底蕴。藏品朱金木雕四檐垂花柱围窗踏板架子床、朱金木雕四檐垂花柱围窗踏板架子床、朱漆金彩木雕重檐四柱架子床、朱漆贴金木雕立檐围窗拔步床等家具上面的鱼纹装饰图案，表现了双鱼戏藻、众鱼满塘的画面，灵动活跃，琳琅满目，以各种手法刻画细致，金彩闪烁，漆色柔润，均呈现出生趣盎然、蓬勃欢快的气氛。（图 759—767）

2. 金鱼纹

金鱼色彩美丽，形态多姿，自宋代起经明至清渐盛，在民间也广受欢迎。清末诗人胡曦在《兴宁竹枝词杂咏》中写道:“锦鳞五色喜盆居,笑托萍蒲懒自如。水暖掀翻葵扇尾,坚牢铁嘴斗双鱼。”金鱼又谐音“金玉”，故以“金玉满堂”“金玉同贺”表达对生活富余、财源广进的期盼。朱金木雕架子床装饰图案中对金鱼也有描绘，夸张了金鱼的大眼睛和长尾巴，使形象特别鲜明突出。（图 768—769）

图 759 朱漆立框檐画屏围窗八字门窗式架子床 门额“荷塘莲鱼”纹

图 760 朱漆金彩木雕重檐四柱架子床门窗棂环板鱼藻纹之一

图 761 朱漆金彩木雕重檐四柱架子床门窗棂环板鱼藻纹之二

图 762 朱金木雕立檐八字门式架子床 立檐饰板双鱼纹之一

图 763 朱金木雕立檐八字门式架子床 立檐饰板双鱼纹之二

图 764 朱漆贴金木雕立檐围窗拔步床 立檐饰板双鱼纹

图 765 朱金木雕飞檐垂柱式四柱架子床 门额花板鱼纹

图 766 朱金木雕飞檐书画围窗百子床 门额花板双鱼纹

图 767 立檐飞罩垂柱围屏式八字门架子床 立檐饰板鱼藻纹

图 768 朱金木雕飞檐书画围窗八字门架子床 门额花板金鱼纹

图 769 朱金木雕飞檐踏板六柱架子床 门窗横条描金图案金鱼纹

3. 蟾蜍纹

从战国、秦汉直到魏晋时期，蟾蜍一直被人们视为神物。《太平御览》卷九百二十九引《文子》曰："蟾蜍辟兵。"《抱朴子》："肉芝者谓万岁蟾蜍，头上有角，颔下有丹书八字再重，以五月五日中时取之，阴干百日，以其足画地，即为流水，带其左手于身，辟五兵。若敌人射己者，弓弩矢皆反还自向也。"《太平御览》引《玄中记》云："蟾蜍头生角，得而食之，寿千岁，又能食山精。"《水经注·榖水》引《晋中州记》曾云："先是有谶云：'虾蟆当贵。'"可见当时人们相信蟾蜍是辟五兵、镇凶邪、助长生、主富贵的吉祥物，所以广泛用它作装饰。汉代画像石、南方越人的铜鼓经常以蟾蜍为饰。连云港一座西汉晚期墓所出漆几，也以蟾蜍为饰。徐州东汉彭城王亲属墓所出的鎏金铜砚，通体做成蟾蜍形。史载张衡所做的候风地动仪上，也有铜蟾蜍的造像。明清时期，蟾蜍进了月宫，与玉兔为伴，更有仙界神话色彩，在朱漆贴金木雕重檐垂柱门围窗拔步床的挂檐左右的装饰件上，云气漫漫的月亮中有玉兔和蟾蜍的踪迹。（图 770）

4. 蛙纹

蛙纹在新石器时代中期就已经被用作装饰。古人认为我国古代神话中代表月亮的蟾蜍，是蛙的形象演变而来的。蛙的繁殖力强，是受古人崇拜的一种生殖神灵。原始人也奉蛙为图腾，故自古以来常有雕刻、绘制的蛙纹图案。蛙与中国农耕文明密切相关，因为蛙与水的关系，古人们还利用或模仿蛙祭祀求雨。这件朱金木雕飞檐嵌宝珠四柱架子床的门窗挂落上，有一青蛙在池塘昂头观望，造型生动形象。（图 771）

5. 虾纹

虾，在古代有吉祥平安、长久富贵之意。虾，穿梭自如，能屈能伸，也寓意游刃有余。虾，身躯弯弯，却节节顺畅，被誉为"弯弯顺"。在古代，我国北方把虾比喻为龙，南方把虾视作银子。朱金木雕架子床以虾为题材的装饰纹样，画面常缀以水草和圆圆的浮萍，寓意多子、富余。（图 772—773）

6. 蟹纹

螃蟹纹，即蟹纹，较为少见，传统家具上很少用螃蟹纹来装饰。古代科举殿试后，皇上必会亲点一甲、二甲、三甲进士，三甲进士皆为科举中甲者。中甲之后，中甲者得以升官和光耀门楣。古人历来渴望科举中甲，而科举中的"甲"使古人联想到带甲的螃蟹。古人认为螃蟹天生带甲，有吉祥之意，所以把螃蟹视为吉祥物，因而就有了寓意"出身不凡，天生中甲"的螃蟹纹饰。螃蟹横着走路，这又有着纵横天下、财路宽广的寓意。（图 774）

图 770 朱漆贴金木雕重檐垂柱门围窗拔步床 门窗挂落月宫蟾蜍纹

图 771 朱金木雕飞檐嵌宝珠四柱架子床 门窗挂落蛙纹

图 772 朱漆立框檐画屏围窗八字门窗式架子床 檐景墨画虾纹

图 773 朱金木雕飞檐书画围窗八字门架子床 门窗木雕贴金虾纹

图 774 朱金木雕飞檐书画围窗八字门架子床 门窗木雕金彩螃蟹纹

7. 草虫纹

传统装饰纹样。草虫，指草木中的昆虫，有蜻蜓、蚱蜢、蝈蝈、螳螂、蜜蜂、蟋蟀、知了等。草虫纹样多变化，寓意丰富。草虫纹中的草多为田间地头的杂草，生命力强；栖息在杂草丛中的昆虫，独具乡野气息，生气盎然，又不失清雅，还可供人们戏玩。朱漆立框檐画屏围窗八字式架子床、朱漆木雕书文框景立檐垂柱金联四柱架子床等，其上平地浅雕的草虫纹饰，形态各异，描绘真切，别具风味。（图 775—782）

图 775　朱漆立框檐画屏围窗八字式架子床 门窗绦环板草虫纹

图 776　朱漆立框檐画屏围窗八字式架子床 门窗绦环板螳螂纹

图 777 朱漆木雕书文框景立檐垂柱金联四柱架子床 门窗绦环板草虫纹之一

图 778 朱漆木雕书文框景立檐垂柱金联四柱架子床 门窗绦环板草虫纹之二

图 779 朱漆木雕书文框景立檐垂柱金联四柱架子床 门窗绦环板草虫纹之三

图 780 朱金木雕飞檐垂柱围窗式架子床 门额花板蜻蜓纹

图 781 朱金木雕飞檐垂柱围窗式架子床 门窗绦环板螳螂纹

图 782 朱金木雕飞檐垂花柱画屏围窗式架子床 挂落匾额草虫纹

（十一）花卉植物纹样

1. 梅花纹

梅能于老干上发新枝，又能御寒开花，故古人以梅象征常青不衰。梅花为五瓣，民间又借其表示五福，即福、禄、寿、喜、财。冬不凋，梅迎寒开花，与青松、翠竹相伴，称“岁寒三友”，与兰花、竹子、菊花组合为“四君子”。因此，明清以来，梅花是最为人喜闻乐见的传统装饰纹样之一。（图 783—784）

2. 兰花纹

传统寓意纹样。《本草经》:“兰草主杀虫毒，辟不祥，久服轻身不老。”《楚辞》:“纫秋兰以为佩。”古人认为：“德芬芳者佩兰，古之佩者，各象其德。”故而兰花纹以幽谷兰花喻隐逸之君子。（图 785—786）

3. 竹子纹

《竹谱》谓:“植物之中,有物曰竹,不刚不柔,非草非木,或茂沙水,或挺岩陆。”《尔雅》中也有“东南之美者，有会稽之竹箭焉”之说。竹子繁殖易，成长快，古人喻子

图 783 朱漆木雕八字门式画屏架子床 挂落梅花纹

图 784 朱漆贴金木雕重檐双匾四柱架子床 牙板梅花纹

图 785 朱漆木雕八字门式画屏架子床 门窗绦环板兰花纹

图 786 朱漆飞檐垂柱书画四柱架子床 窗棂兰花纹

孙众多，发达成材。且竹历寒冬而枝叶不凋，故松、竹、梅“岁寒三友”，竹居其一。竹子纹是明清家具重要的装饰纹样之一，图案中的竹子或劲风中挺坚有力，或摇曳中婀娜生姿。有人对疏宕茂密、俯仰顾盼的翠竹作诗赞美：“不谢东君意，丹青独立名。莫嫌孤叶淡，终久不凋零。”正所谓“此仪若风，此笔若龙”“惟公之标，植立天地”。故苏东坡咏叹：“可使食无肉，不可居无竹。无肉令人瘦，无竹令人俗。”这些家具上的装饰纹样，借题发挥，如此颂扬竹子风雅高洁的精神，古人用心之巧，令人感慨。（图 787—789）

4. 菊花纹

菊花，古代又有节华、更生、朱嬴、金蕊、周盈、延年、阴成等别名，是我国传统花卉之一。《山海经·中山经》曰：“岷山之首曰女儿之山……其草多菊。”据传，在励县以北河岸上，芳菊丛丛，其水颇香，有个叫胡广的人得病后饮此水，不仅大病痊愈，还长命百岁。又传说朱儒子常饮用甘菊花梧桐子泡的茶，后成了神仙，古人遂认为菊花能轻身益气，令人长寿。菊花还被看作是花中的“隐逸者”，人们赞誉它“风劲香逾远，霜寒色更鲜”，故常喻为君子，以秋菊傲霜比喻文人的气节。明清朱金木雕架子床装饰纹样中，菊花纹常表现为折枝图案，与梅、兰、竹并称“四君子”。（图 790—792）

图 787 朱金木雕重檐垂柱围屏八字门式架子床 门窗绦环板竹子纹

图 788 朱漆立框檐画屏围窗八字门窗式架子床 门窗绦环板竹子纹

图 789 朱金木雕飘檐垂柱围窗式架子床 门窗裙板竹子纹

图 790 朱金木雕飞檐垂柱式四柱架子床 垂柱挂牙菊花纹

图 791 朱金木雕飞檐落地罩四柱架子床 檐条板菊花纹

图 792 朱金木雕飞檐垂柱式四柱架子床 门额板菊花纹

5.“岁寒三友”纹

松、竹经冬不凋，梅则迎寒开花，故称“岁寒三友”。宋代林景熙《霁山文集·五云梅舍记》:“即其居累土为山，种梅百本，与乔松、修篁为岁寒友。”佚名《渔樵闲话》:“那松柏翠竹，皆比岁寒君子，到深秋之后，百花皆谢，惟有松、竹、梅花，岁寒三友。”清高宗御制诗三集也曰 :“南宋马远有岁寒三友图。所绘松竹梅……三友图在内府。乾隆帝有题诗。”足见宋代已把松、竹、梅作为岁寒三友了。

“岁寒三友”纹饰在朱金木雕架子床上的应用不乏优秀作品。图案均采用平地线刻和实雕的工艺手法，以舒展的构图形式，表现出一种清雅脱俗的艺术风格，完美地传递了装饰内容的意义。(图793—799)

图 793 朱金木雕飞檐垂柱“熊黑入梦”八字门式四柱架子床 门窗裙板“岁寒三友”纹之松

图 794 朱金木雕飞檐垂柱熊“黑入梦”八字门式四柱架子床 门窗裙板“岁寒三友”纹之竹

图 795 朱漆木嵌立框檐画屏围窗八字门窗式架子床“岁寒三友”纹之松

图 796 朱漆木嵌立框檐画屏围窗八字门窗式架子床“岁寒三友”纹之竹

图 797 朱漆木嵌立框檐画屏围窗八字门窗式架子床“岁寒三友”纹之梅

图 798 朱金木雕飞檐垂柱围窗画屏踏凳四柱架子床 牙板“岁寒三友”纹之松竹

图 799 朱金木雕飞檐垂柱围窗画屏踏凳四柱架子床 牙板“岁寒三友”纹之梅兰

6."梅兰竹菊"四君子纹

古人以梅、兰、竹、菊谓四君子。《集雅斋梅竹兰菊四谱小引》:"文房清供,独取梅、竹、兰、菊四君者无他,则以其幽芳逸致,偏能涤人之秽肠而澄莹其神骨。"文人高士,常借梅、兰、竹、菊四君子来表现自己清高拔俗的情趣,或作为自己的鉴戒。它的起源可早至晚唐,由菊花、梅花等四季花组成,以此代表一年四季。到宋代"四君子"更为盛行,作为文人释怀胸襟,展露自我心灵情致的表现。明万历年间黄凤池辑有《梅竹兰菊四谱》,均借"四君子"来表现正直、虚心、纯洁而有气节的思想感情。在朱金木雕架子床上的四君子图案纹样,多系联幅的形式,相互呼应,丰盈繁茂,风貌荣光。(图 800—807)

图 800 朱漆木雕飞檐垂柱画屏八字门式架子床 门窗绦环板"梅兰竹菊"四君子纹之梅

图 801 朱漆木雕飞檐垂柱画屏八字门式架子床 门窗绦环板"梅兰竹菊"四君子纹之兰

图 802 朱漆木雕飞檐垂柱画屏八字门式架子床 门窗绦环板"梅兰竹菊"四君子纹之竹

图 803 朱漆木雕飞檐垂柱画屏八字门式架子床 门窗绦环板"梅兰竹菊"四君子纹之菊

图 804 朱金木雕床枑围屏式垂柱四柱架子床 门窗绦环板"梅兰竹菊"四君子纹之梅

图 805 朱金木雕床枑围屏式垂柱四柱架子床 门窗绦环板"梅兰竹菊"四君子纹之兰

图 806 朱金木雕床枑围屏式垂柱四柱架子床 门窗绦环板"梅兰竹菊"四君子纹之竹

图 807 朱金木雕床枑围屏式垂柱四柱架子床 门窗绦环板"梅兰竹菊"四君子纹之菊

7. 水仙花纹

《长物志》:“水仙，六朝人呼为雅蒜。”《瓶史》:“唐玄宗赐虢国夫人红水仙十二盆，盆皆以金玉七宝所造。”水仙花风姿神韵，常被喻为凌波而至的下凡仙女，因其不畏寒霜、清新淡雅、飘逸潇洒的品格素为人们喜爱，故为明清工艺装饰题材之一。水仙花纹在明清家具上并不多见，朱金木雕飞檐书画围窗八字门式四柱架子床采用水仙花纹，也仅此一例，已属难能可贵。这件架子床运用高超的透雕技艺，将花刻画得风姿绰约，灵通神畅，不失为一件珍贵的艺术装饰品。(图 808)

8. 牡丹纹

牡丹是百花之首。牡丹花大色艳,富丽堂皇,是中国名贵花卉,有“花中之王”“国色天香”的美誉。牡丹以唐代长安、宋代洛阳最盛,诗人梅尧臣有“洛阳牡丹名品多，自谓天下无能过”之句，北宋文学家欧阳修说牡丹“南亦出越州”(越州即今绍兴)，说明江南地区也有牡丹生长。牡丹花作为家具装饰图案在民间早已流行。

朱金木雕狮宫飞檐四柱架子床，门窗绦环板雕刻的折枝牡丹花，形象十分写实。朱漆金彩木雕三檐八字门架子床，床沿板的牡丹纹，花纹图案左右均衡对称，枝叶被雕刻在扇形开光的区间内，对应自如，花朵丰腴盛开，造型惟妙惟肖，不失华丽富贵。(图 809—810)朱金木雕飞檐落地罩四柱架子床的檐板牡丹花纹，虽质朴无华,但肥厚含蓄,风姿犹存。(图 811)朱金木雕飞檐落地罩“熊梦呈祥”四柱架子床，飞檐中央透雕工艺制作的牡丹图案，花叶对称孔灵，壮丽洒脱，俨然一派雍容华贵的气象，(图 812)已是清代晚期的作品。四例造型各具特色，雕刻各有千秋，是清代中晚期的装饰风格。

9. 莲花纹

莲花，是我国的传统花卉,《尔雅》中有“荷、芙渠……其实莲”的记载，古名芙渠或芙蓉，现称荷花。莲花盛开时花朵大，姿色动人，且出污泥而不染，是纯洁的象征。早在春秋战国时莲花就用作纹饰，自佛教传入我国，便以莲花作为标志，代表净土，寓意吉祥，更是人们喜用的装饰题材。江南水乡，池中多种莲，莲花、莲子、莲藕都常常用作装饰图案。如“本固枝荣”寓意根基坚实,事业兴盛;“并蒂莲”表达美满、幸福、同心的美好愿望。朱金木雕架子床用莲花、莲蓬作装饰纹样，有采用写实手法和图案形式的，在部件中呈现出不同的艺术效果，(图 813—816)还有的以花瓣组成各种花边图案，或以悬雕手法将莲花装饰成立柱柱头。

图 808　朱金木雕飞檐书画围窗八字门式四柱架子床 垂柱挂牙透雕水仙花纹

图 809　朱金木雕狮宫飞檐四柱架子床 门窗绦环板深浮雕折枝牡丹纹

图 810　朱漆金彩木雕三檐八字门架子床 床沿板牡丹纹适合图案

图 811　朱金木雕飞檐落地罩四柱架子床 檐条板平地浅雕牡丹纹

图 812　朱金木雕飞檐落地罩“熊梦呈祥”四柱架子床 飞檐透雕牡丹纹

图 813　朱金木雕重檐飞罩垂柱围屏式八字门架子床 门窗绦环板莲花纹

图 814　朱金木雕飞檐垂柱式四柱架子床 门额花板莲花纹

图 815　朱金木雕飞檐垂柱式四柱架子床 门窗绦环板莲花纹

图 816　朱漆木嵌框景立檐式垂柱八字门式架子床 檐板莲花纹对称图案

10. 折枝花卉纹

中国传统装饰纹样，指截取某种花草的一枝或一部分作为装饰纹样。折枝，也是花卉画的一种，画花卉不画全株，只画从树干上折下来的部分花枝，故名。唐韩偓《已凉》:“碧阑干外绣帘垂，猩血屏风画折枝。”宋仲仁《华光梅谱·取象》:“其法有偃仰枝、覆枝、从枝、分枝、折枝等所谓‘六枝’。”清邹一桂《小山画谱》卷上：“草花有万千之不同，折枝无蜂蝶来采。”这些描绘的都是“折枝”。五代、两宋、元已有很多折枝画和图案纹样出现，明清之际已十分盛行。在漆木家具中采用雕刻和朱金彩工艺的折枝作品非常丰富，画面构图独特，使人弥觉隽永、雅致或富丽、华美。（图 817—825）

图 817 朱金木雕飞檐垂柱“玉燕投怀”四柱架子床 门窗裙板折枝花卉纹之一

图 818 朱金木雕飞檐垂柱“玉燕投怀”四柱架子床 门窗裙板折枝花卉纹之二

图 819 朱金木雕四檐垂柱围窗踏板式六柱架子床 檐条板折枝花卉纹

图 820 朱金木雕立檐垂柱围屏八字窗式四柱架子床 檐条板折枝花卉纹之一

图 821 朱金木雕立檐垂柱围屏八字窗式四柱架子床 檐条板折枝花卉纹之二

图 822 朱金木雕三檐飞鸟垂柱围窗式踏板六柱架子床 檐条板折枝花卉纹

图 823 朱漆贴金木雕飞鸟人物垂柱三檐拔步床 檐条板折枝花卉纹

图 824 朱金木雕戏剧人物飞檐垂柱式四柱架子床 门窗绦环板折枝花卉纹

图 825 朱金木雕飘檐垂柱式四柱架子床 床沿板折枝花卉纹

（十二）瓜果纹样

1. 佛手纹

佛手纹、桃子纹和石榴纹组成福寿三多纹样，是吉祥图案。典故源于《庄子·外篇·天地》，尧观于华封，华封人祝曰："使圣人寿，使圣人福，使圣人多男子。"民间后以佛手与"福"字谐音而寓意福，以桃子多寿而寓意寿，以石榴多子而谐意多男子，称为"福寿三多""华封三祝"或"多福多寿多男子"。

福寿三多纹样颂祷多福多寿多子的同时，佛手也寓意着智慧和力量，是常见的吉祥图案。佛手象征着勇气，它就像是佛祖的手，能够为你挡住一切灾难，能够抚平你浮躁不安的心灵。当遇到困难时，能够给人以积极向上的心理暗示，鼓励你勇敢地克服困难。明清家具中的佛手纹装饰，常见于朱金木雕架子床的门窗、挂落、束腰牙板上等。（图 826—829）

图 826　朱金木雕飞檐落地罩四柱架子床 门窗绦环板佛手纹

图 827　朱漆贴金木雕立檐围窗拔步床 踏步束腰线刻佛手纹

图 828　朱金木雕飞檐垂柱式四柱架子床 门窗绦环板平地浅浮雕佛手纹

图 829　朱金木雕飞檐垂柱围窗画屏踏凳四柱架子床 挂落透雕佛手纹

2. 石榴花纹

相传汉武帝时石榴由张骞自西域的安息（今伊朗）传入我国，随着佛教艺术东来的影响，石榴花也渐渐成为我国隋唐时代装饰艺术的一个重要题材。宋代以后，因石榴果实熟则色红而裂开，呈现出许多榴子，故民间以寓意“多子”的石榴花为装饰图案。石榴花纹并不多见，而在藏品朱金木雕四檐飞鸟垂柱围窗踏板式六柱架子床、朱金木雕狮宫飞檐四柱架子床的门窗绦环板纹饰中各有一则，花形不同，风格各异。（图830—831）

3.“榴开百子”纹

《北史·魏收传》:“齐安德王延宗，纳赵郡李祖收之女为妃。帝到李宅赴宴，妃母宋氏献二石榴于帝前，诸人莫知其意，帝投之，收曰：石榴多子。帝大喜。”故人们以石榴组成图案，寓意多子，俗称“榴开百子”。“榴开百子”，意谓“百子同室”，即所谓“千房同膜，千子如一”，百子同在一家族之内。同室亦名百室，《诗经·周颂·良耜》:“其比如栉，以开百室。”《笺》:“百室，一族也。”《集说》:“百室，一族之人也。”故民间十分喜欢用石榴纹作装饰图案，以果实累累象征子嗣延绵、多子多福。（图832—835）

4. 桃子纹

传统寓意纹样。桃子俗称“寿桃”，《汉武故事》云：西王母种的蟠

图 830　朱金木雕四檐飞鸟垂柱围窗踏板式六柱架子床 门窗绦环板石榴花纹

图 831　朱金木雕狮宫飞檐四柱架子床门窗绦环板石榴花纹

桃“三千年一著子”，吃了可以长寿。石榴、桃子、佛手纹组合，民间谓“三多”，明清家具装饰纹样中都有实例。朱金木雕飞檐百子图围窗式八字门架子床的围窗窗棂结子图案、朱金木雕飞檐垂柱式四柱架子床的门横额花板纹饰中，桃子纹饰形象丰实而富硕，一取立体圆雕，一刻平地浮雕，在熟能生巧的技艺中反映了匠师的创意和工艺美。（图 836—838）

5. 葡萄纹

佛教艺术中，菩萨手持葡萄是表示五谷不损，所以葡萄纹带有五谷丰登的寓意。此外，葡萄枝叶蔓延，果实累累，也特别贴近人们祈盼子孙绵长、家庭兴旺的愿望，所以成为人们喜闻乐见的装饰题材。朱金木雕飞檐百子图围窗式八字门架子床的门窗绦环板葡萄纹中，狭长的图案描绘了硕果累累的葡萄和缠绕蔓延的葡萄藤形象，表达了多子多福、富贵长寿的寓意。（图 839）

图 832　朱金木雕飞檐落地圆门罩八字式四柱架子床　门罩结子“榴开百子”纹

图 833　朱金木雕飞檐垂柱“玉燕投怀”四柱架子床　横额花板“榴开百子”纹

图 834　朱金木雕飞檐垂花柱画屏围窗式架子床　门窗绦环板“榴开百子”纹

图 835　朱金木雕飞檐百子图围窗式八字门架子床　门窗绦环板“榴开百子”纹

图 836　朱金木雕飞檐百子图围窗式八字门架子床　门罩花板桃子纹

图 837　朱金木雕飞檐垂柱式四柱架子床　横额花板桃子纹

图 838　朱金木雕飞檐百子图围窗式八字门架子床围窗结子桃子纹

图 839　朱金木雕飞檐百子图围窗式八字门架子床　门窗绦环板葡萄纹

6. 柿子纹

柿树有七德：一、长寿；二、树叶多荫；三、无鸟巢；四、无虫蚀；五、红叶可供玩赏；六、果实味美；七、落叶肥。“柿”与“事”同音同声，两个柿子即寓意“事事”，人们常用柿子来表达顺心快活，事事如意。在藏品中其形象特别清晰、鲜明，给人一种赏心悦目的愉快和舒心的情感享受。（图840—841）

7. 杏子纹

杏的寓意是幸福，“杏”与“幸”谐音，寓意生活的幸福美满。杏子代表着一种祝福，是对美好生活期待的体现。杏还可代表少女，是青春活力的体现。故朱金木雕架子床的装饰纹样中也可见杏子纹样，大多融和疏朗，含有一种丽明的美感与亲和甜蜜的情味。（图842）

8. 瓜果纹

果品瓜实种类繁多，尤其是江南地区，土地肥沃，风调雨顺，资源丰富，四季都有各色瓜果佳品。《灵枢·五味》以枣、李、栗、杏、桃谓“五果”，还表达不同之味。《素问·藏气法时论》曰：“五谷为养，五果为助。”可见五果是生活中不可缺乏的重要物品。这些装饰艺术的素材，在家具纹饰中也赢得了一席之地。除五果外还有杨梅、荔枝、茄子、丝瓜等，这些农产品以艺术形式出现，给家具增添了浓厚的生活气息，也充分地展现了农耕时代人们质朴、

图840 朱金木雕飞檐百子图围窗式八字门踏凳架子床 围窗结子柿子纹

图841 朱金木雕飞檐垂柱“玉燕投怀”四柱架子床 门额花板柿子纹

图842 朱金木雕飞檐百子图围窗式八字门踏凳架子床 围窗结子杏子纹

图843 朱金木雕飞檐围栏式六柱架子床 挂落花板木雕枣子纹

图844 朱金木雕飞檐垂柱式镶蓝色宝珠四柱架子床 门窗绦环板瓜果纹

图 845　朱金木雕飞檐百子图围窗式八字门踏凳架子床　围窗结子瓜果纹

图 846　朱金木雕太极四柱架子床　飞檐实地木雕瓜果纹

图 847　朱金木雕戏剧人物飞檐垂柱四柱架子床　门窗绦环板丝瓜纹

图 848　朱金木雕牡丹亭飞檐落地罩式四柱架子床　门窗结子豆荚纹

图 849　朱金木雕飞檐百子图围窗式八字门踏凳架子床　围窗结子豆荚纹之一

勤劳的品质和文化艺术方面的创作智慧。（图 843—847）

9. 豆荚纹

豆角是常见的农产品，民间寓意丰收，是多子多福、耕耘收获的祥瑞之物。豆荚寓意之多，也是比较突出的，如一个豆荚可表示四季平安，两个豆荚示意母子平安，三个豆荚寓意连中三元或福、禄、寿齐到等。豆荚还有“福豆”的意思。“豆”与“豆蔻年华”相契合，象征风华正茂、朝气蓬勃，是长辈对儿女辈的期盼。这一被赋予浓重吉祥寓意的装饰花纹图案，在朱金木雕牡丹亭飞檐落地罩式四柱架子床等藏品中被刻画得栩栩如生。（图 848—850）

图 850　朱金木雕飞檐百子图围窗式八字门踏凳架子床　围窗结子豆荚纹之二

（十三）花鸟纹样

花鸟纹是花卉与禽类的组合纹样。在中国花鸟画中，花代表了植物，鸟代表了禽类。所以，有时人们也把植物和禽类的组合纹样泛称为花鸟纹。花鸟纹作为中国传统常见纹样之一，形态表现花朵、枝叶的穿插和鸟的相互组合。常见的花卉有牡丹、菊花、莲花、梅花等，植物有杨柳、竹子、松柏等，鸟禽类有雀、鹰、雁、燕、喜鹊、仙鹤等。（图 851—854）画面形象生动，真实性强，富有情趣和艺术感染力。以花鸟纹装饰家具同时也是文人雅士自由生活方式的一种体现，反映出他们崇尚自然、性情高雅。故在架子床中有许多描绘，画面灵动多变，常用以传递美好的寓意。尤其是婚床上成双成对的花鸟画面，显得更加喜庆吉祥。（图 855—861）

图 851 朱金木雕立檐“鸾凤和鸣”圆洞门式四柱架子床 檐板圆景竹鸟纹样

图 852 朱金木雕立檐“鸾凤和鸣”圆洞门式四柱架子床 檐板圆景松鸟纹样

图 853 朱金木雕飞檐落地圆门罩八字式四柱架子床门罩窗板花鸟纹之一

图 854 朱金木雕飞檐落地圆门罩八字式四柱架子床 门罩窗板花鸟纹之二

图 855　朱漆金彩木雕重檐四柱架子床 门窗裙板花鸟纹

图 856　朱金木雕飞檐百子图围窗式八字门踏凳架子床 围窗绦环板花鸟纹

图 857　朱金木雕四檐垂柱围窗踏板式六柱架子床 檐条板花鸟纹

图 858　朱漆贴金木雕飞鸟人物垂柱三檐拔步床 檐条板花鸟纹

图 859　朱金木雕重檐六匾八字门式踏板架子床 门窗绦环板花鸟纹

图 860　立檐飞罩垂柱围屏式八字门架子床 檐板木雕花鸟纹

图 861　朱金木雕飞檐垂柱围窗画屏八字门式四柱架子床 门额花板花鸟纹

(十四)山水风景纹样

传统山水画结合不同的工艺手法形成的山水风景纹，在朱金木雕各类架子床的装饰图案中同样占有着重要地位。出于对自然的热爱，架子床主人和工匠们以丰富的想象力和生活的热情进行开拓创新，创造了金山银山、仙界美景、青山绿水、庭院楼阁、花丛果树、世外桃源等图案。工匠们精巧周密的设计和高超独到的木雕、朱漆、金彩工艺，不仅使架子床的装饰获得了崭新的面貌和独特的风格，而且为装饰艺术发展开拓了一片新的天地。这些丰富的山水风景纹样，无不给今天的研究又留下了一份重要的艺术遗产。(图 862—876)

图 862 朱漆贴金木雕飞鸟人物垂花柱四重檐饰双凤拔步床 檐条花板山水风景纹

图 863 朱漆贴金木雕人物狮子垂柱四檐围窗拔步床 门窗横额花板佛界胜景纹

图 864 朱漆金彩嵌宝珠垂柱围窗重檐拔步床 檐条花板仙界胜景纹

图 865 朱漆木雕飞檐垂柱画屏八字门式架子床 门窗横额花板山水胜景纹之一

图 866 朱漆木雕飞檐垂柱画屏八字门式架子床 门窗横额花板山水胜景纹之二

图 867 朱金木雕四檐垂柱围窗踏板式六柱架子床 门窗绦环板山水风景纹之一

图 868 朱金木雕四檐垂柱围窗踏板式六柱架子床 门窗绦环板山水风景纹之二

图 871 朱金木雕三檐垂柱围窗踏板架子床 门窗绦环板山村小景纹

图 872 朱漆金彩木雕三重檐飞鸟垂柱围窗拔步床 檐条花板佛界胜景纹

图 873 朱金木雕立檐垂柱围屏式四柱架子床 檐板山村小景纹

图 874 朱金木雕飞檐垂柱围窗画屏八字窗式四柱架子床 门窗横额花板山水纹

图 875 朱金木雕飞檐垂柱“熊罴入梦”八字门式四柱架子床 檐条花板山水寺景纹

图 876 朱漆立框檐画屏围窗八字门窗式架子床 门窗横额花板园林风景纹

图 869 朱金木雕飞檐垂柱围窗画屏八字窗式四柱架子床 八字窗裙板山水纹之一

图 870 朱金木雕飞檐垂柱围窗画屏八字窗式四柱架子床 八字窗裙板山水纹之二

（十五）寓意纹样

吉祥寓意深深根植于中华民族传统的文化中，已有几千年的历史。《月令》云："仲春之月……玄鸟至。至之日，以大牢祠于高禖。天子亲往，后妃帅九嫔御。乃礼天子所御，带以弓韣，授以弓矢，于高禖之前。"这里讲述了祭高禖祈子嗣用弓箭作吉祥物，说明早在渔猎时代，弓箭已成为男子身份和事业的一种象征。这也是古人早已确立的一种以用具为标志的传统。弓箭是渔猎时代最主要的工具和最具威力的武器，所以它成了那个时代男子身份和事业的象征。

《内则》曰："子生，男子设弧于门左，女子设帨于门右。三日，始负子，男射女否。"男子出生时，以弓挂门左作为吉祥物，而女子则不同，需要装设帨，这是女子的吉祥物。而"国君世子生……诗负之，射人以桑弧蓬矢六，射天地四方"。孔疏云："蓬是御乱之草，桑，众木之本。"这无疑又有了以草木为标志的寓意物。后世，吉祥物的内容越来越丰富，并按照所谓"反本修古"的方式，作为一种传统、习俗或礼仪被继承，如桑、蓬之类，也都渐渐形成了民间的吉祥图案和寓意纹样。以上的各类纹样中，有很多是十分典型的寓意吉祥图案，如"鹿鹤同春"纹、"三阳开泰"纹、"喜上眉梢"纹、"春光长寿"纹、"鸳鸯戏荷"纹、"瓜瓞绵绵"纹、"猫蝶耄耋"纹、"榴开百子"纹，等等。在此就藏品中描绘的各式各样的寓意纹饰，再集数十例，专列一个类别，以展现其广阔深厚的文化内涵和丰富精致的表现形式。

1."欢天喜地"纹

天空飞的喜雀和穴居荒丘、路旁田埂等的洞穴的獾一起组合构成的图案花纹，江南民间称"欢天喜地"纹，寓意喜气吉祥，欢欣快乐。（图 877）

图 877 朱金木雕飞檐垂柱式踏凳四柱架子床 门窗绦环板"欢天喜地"纹

图 878 朱金木雕飞檐垂柱式踏凳四柱架子床 门窗绦环板"福禄双全"纹

獾有猪獾、狗獾等。猪獾具有夜行性，性情凶猛，食肉，当受到敌害时，常将前脚低俯，发出凶残的吼声作警示，吼声似猪。同时能挺立前半身以牙和利爪作猛烈的回击，且能在水中游泳。

2.“福禄双全”纹

意谓幸福与秩禄双收。古人以蝙蝠、鹿组成“福禄双全”吉祥图案，取其“蝠”与“福”同音，“鹿”与“禄”同音。（图 878）

3.“鹤寿松龄”纹

古人以鹤为仙禽，因其寿长。王建《闲说》：“桃花百叶不成春，鹤寿千年也未神。”松，其树长生，其叶长绿，《史记·龟策列传》：“千岁之松。”传统吉祥图案常以鹤、松组成“鹤寿松龄”纹样，以寓“长寿”之意，用于祝寿装饰。也称“松鹤遐龄”。（图 879）

4.“鱼化龙”纹

传统寓意纹样，亦名“鱼龙变化”。鱼化为龙，古喻金榜题名。《琵琶记·南浦嘱别》：“孩儿出去在今日中，爹爹妈妈来相送，但愿得鱼化龙，青云得路。”纹样一般都以鱼、龙合体组成，寓意高升昌盛。（图 880—882）

图 879　朱金木雕垂柱落地门罩“麒麟送子”四柱架子床　落地门罩透雕“鹤寿松龄”纹

图 880　朱漆贴金木雕重檐双匾八字门式踏凳架子床　飞檐木雕“鱼化龙”纹

图 881　朱金木雕“龙亭庆宴”飞檐圆洞罩围窗四柱架子床　飞檐檐亭“鱼化龙”纹

图 882　朱金木雕飞檐垂柱四柱窗罩架子床　飞檐木雕“鱼化龙”纹

5.“双鱼八卦”纹

八卦图为古代寓意图案。《太平御览》:“伏羲坐于方坛之上，听八风之气，乃画八卦。”以“—”为阳，以“--”为阴，组成八卦：乾☰为天，坤☷为地，震☳为雷，巽☴为风，坎☵为水，离☲为火，艮☶为山，兑☱为泽，以类万物之情。八卦分据八方,中绘太极之图。《易传》认为八卦主要象征天、地、雷、风、水、火、山、泽八种自然现象，并认为“乾”和“坤”两卦在八卦中占特别重要的地位，是自然界和人类社会一切现象的根源。八卦最初是上古人们用于记事的符号，后被用为卜筮符号。古代常用八卦图作为除凶镇邪之符。(图 883)

图 883 朱金木雕太极四柱架子床 飞檐檐顶木雕“双鱼八卦”纹

图 884 朱金木雕飞檐四柱架子床 飞檐木雕“太极”纹

6.“太极”纹

“太极”一词始见于《周易·系辞上》:“是故易有太极，是生两仪，两仪生四象，四象生八卦。”古代哲人对此有多种解释，如王充、张载、王夫之将太极解释为“气”“元气”等,王弼、朱熹将太极解释为“虚无”“理”等。今人则认为“两仪”即为太极的阴、阳二仪，其意是指浩瀚宇宙间的一切事物和现象都包含着阴和阳，它们之间既互相对应、对立又相互滋生、依存，这是物质世界的一般规律，是众多事物产生与毁灭的根由所在。太极图是以黑白两个鱼形纹组成的圆形图案，俗称“阴阳鱼”。太极图形象地表达了阴阳轮转、相反相成是万物生成变化根源的哲理。太极图还展现了一种互相转化、相对统一的形式美，这种以一上一下、一正一反的形式组成的生动优美的吉祥图案，极受民间喜爱，并被广泛地应用于家具装饰上。(图 884)

7.“平安富贵”纹

传统寓意纹样。纹饰由花瓶组成装饰图案,“瓶”与“平”同音,瓶中常插花卉,以牡丹最为常见,故寓意平安富贵。(图 885—888)也有插枝叶果实的,如桃、李、石榴等,均寓意生活平平安安、甜甜蜜蜜和吉祥如意。(图 889—892)

图 885 朱漆金彩木雕三檐八字门架子床 窗棂图案“平安富贵”纹之一

图 886 朱漆金彩木雕三檐八字门架子床 窗棂图案“平安富贵”纹之二

图 887 朱金木雕飞檐垂柱画屏四柱架子床 围屏台座直档条板“平安富贵”纹之一

图 888 朱金木雕飞檐垂柱画屏四柱架子床 围屏台座直档条板“平安富贵”纹之二

图 889 朱金木雕飞檐围栏式六柱架子床栏杆花板“平安富贵”纹之一

图 890 朱金木雕飞檐围栏式六柱架子床 栏杆花板“平安富贵”纹之二

图 891 朱金木雕垂柱三檐门窗式“玉燕投怀”四柱架子床 匾饰木雕“平安富贵”纹

图 892 朱金木雕垂柱三檐门窗式“玉燕投怀”四柱架子床 匾饰木雕“平安富贵”纹

8.“平升三级”纹

传统寓意纹样。级是指古代官吏的品级，自魏晋以来，官共分九品，平升三级，是说一个人官运亨通，连升三级。纹饰以花瓶、笙、三戟组成，“瓶”与“平”、“笙”与“升”、“戟”与“级”同音，以此寓意。朱金木雕架子床常利用门窗格的构造，采用小木作工艺制作窗棂图案。朱漆飞檐垂柱书画四柱架子床、朱漆嵌螺钿雕书画飞檐垂柱圆洞门八字窗四柱架子床上的这些图案，都是十分规范的“平升三级”纹的作品式样。（图 893—895）

图 893 朱漆飞檐垂柱书画四柱架子床 窗棂图案“平升三级”纹

图 894 朱金木雕重檐垂柱围屏八字门式架子床 八字窗棂图案“平升三级”纹

图 895 朱漆嵌螺钿雕书画飞檐垂柱圆洞门八字窗四柱架子床 窗棂图案“平升三级”纹

9. 花篮纹

花篮纹是我国一种极富特色的传统寓意吉祥纹样。每年农历三月初三王母寿辰，设蟠桃盛会，百花、牡丹、芍药、海棠四仙子采花邀请麻姑同往赴会，故用来盛装鲜花的花篮常常寓意吉祥、庆贺之物。在朱金木雕架子床的飞檐、垂柱或檐板、落地罩等部件上，都有雕刻相应的不同造型的花篮纹图案。（图 896—899）

图 896　朱漆木雕飞檐垂柱画屏八字门式架子床 垂柱立雕花篮纹

图 897　朱漆贴金龙狮飞檐垂柱围窗拔步床 结子木雕花篮纹

图 898　朱金木雕重檐飞罩垂柱围屏式八字门架子床 飞檐透雕花篮纹

图 899　朱金木雕三檐垂柱围窗踏板六柱架子床 挂落透雕花篮纹

10. 云纹

云纹，寓意高升和如意。早在汉魏时代就已流行，是一种流畅的圆涡形线条组成的图案，形如天空中的云朵。原先一般作为神人、神兽、四神等图像的地纹。明清时期应用广泛，除了伴随其他纹饰组合构成以外，也有单独出现的云纹图案。在朱金木雕架子床上显得十分出色，呈现出新颖别致的装饰效果，使架子床的装饰展示出了一种特殊的审美情趣。（图 900—905）

图 900 朱金漆木雕飞檐落地罩八字门式四柱架子床 檐花板木雕云纹

图 901 朱金木雕飞檐书画围窗八字门式“吉梦征兰”百子床 匾饰木雕云纹

图 902 朱金木雕金龙飞檐垂柱四柱架子床 飞檐透雕云纹

图 903 朱漆贴金木雕飞檐“三星高照”围屏式踏步床 飞檐透雕云纹

图 904 朱金木雕飞檐垂柱式四柱架子床 飞檐透雕云纹

图 905 朱漆金彩嵌宝珠垂柱围窗重檐拔步床檐撑立雕云纹

11. 灵芝纹

灵芝纹是传统常见的吉祥寓意纹样。张衡《西京赋》:“浸石菌于重涯，濯灵芝以朱柯。”灵芝自古以来被当作瑞草、仙草，寓意美好、吉祥、富贵、长寿。灵芝生长在古木枯树上，意为枯木逢春，故又有长生不老之意。因为灵芝形状与云朵、如意相似，还被称为“如意灵芝”。（图906—907）

12. 如意纹

“如意”系指一种器物，梵语“阿那律”。柄端作手指形，用以搔痒，可如人意，因而得名。古代用骨、角、竹、木、玉、石、铜、铁等制成，长三尺左右。近代的如意，长不过一二尺，其端多作灵芝形、云形，因其名吉祥，可供玩赏。现在所用搔痒工具，俗称“不求人”，即古时搔杖，为如意遗制。

按如意形的如意纹样，借喻“称心”“如意”，与“笔”“锭”“元宝”“牡丹”等组合起来，系民间广为应用的“必定如意”“笔锭如意”“富贵如意”等吉祥图案。（图908—911）

图906 朱漆贴金木雕飞檐“三星高照”围屏踏步床 门额花板灵芝纹

图907 朱漆贴金木雕飞檐“三星高照”围屏踏步床 门窗透雕灵芝纹

图908 朱金木雕飞檐落地罩“熊梦呈祥”八字门式四柱架子床 八字窗绦环板木雕贴金如意纹

图909 朱漆贴金龙狮飞檐垂柱围窗拔步床 门窗绦环板如意纹

图910 朱漆金彩木雕三檐“庆衍鑫斯”八字门式四柱架子床 牙板平地浅雕如意纹

图911 朱金木雕飞檐垂柱踏凳式六柱架子床 束腰平地浮雕笔锭如意纹

13.“琴棋书画”纹

在古代器物上，常用琴、棋盘、笔、卷轴图像来代表琴、棋、书、画，并用它来传递人们的精神境界，示意一种生活情操。古人常常由此表示闲情逸致、修身养性的生活内容。这一传统寓意纹样也被应用在明清家具上作为装饰图案。

图 912 朱金木雕三檐垂柱围窗踏板式六柱架子床 檐花板“琴棋书画”纹之琴、棋

图 913 朱金木雕三檐垂柱围窗踏板式六柱架子床 檐花板“琴棋书画”纹之书、画

图 914 朱漆贴金木雕飘檐“三星高照”围屏踏步床 挂落花板“琴棋书画”纹之琴、棋

图 915 朱漆贴金木雕飘檐“三星高照”围屏踏步床 挂落花板“琴棋书画”纹之书、画

琴，古代推崇正音雅乐，以清幽平淡为上，故不趋繁声热闹为尚。棋，闲暇时下棋交友，益智增慧。书，即书法，是我国极为普及的艺术形式，书法能调神修心，古人认为品行与书法有着重要的关系，有书如其人之说。画，更要求有道德和文化修养。诗、书、画、印需相得益彰，尤其是文人绘画，讲究笔墨和才情，注重气韵和意境。故琴棋书画的纹样装饰，为朱金木雕家具特别赋予了一种崇尚德与才的意味以及高尚的人生价值观。（图 912—919）

图 916 朱漆贴金龙凤飞檐垂柱拔步床 门窗绦环板“琴棋书画”纹之琴

图 917 朱漆金彩围窗三檐踏板六柱架子床 门窗绦环板“琴棋书画”纹之棋

图 918 朱金木雕飞檐垂柱式“三星”四柱架子床 挺边纹饰“琴棋书画”纹之书

图 919 朱漆贴金龙凤飞檐垂柱拔步床 门窗绦环板“琴棋书画”纹之画

14.“暗八仙”纹

传统寓意纹样。以八仙手中所持之物（汉钟离持扇，吕洞宾持剑，张果老持鱼鼓，曹国舅持玉板，铁拐李持葫芦，韩湘子持箫，蓝采和持花篮，何仙姑持荷花）组成的纹饰图案，俗称“暗八仙”，与“八仙”纹同样寓意祝颂长寿。朱金木雕飞檐垂柱围窗画屏踏凳八字窗架子床上描绘的一组相应对称的金彩“暗八仙”图案，组合自然，八种标志物件相互呼应，画面活泼而整齐，表现出了别具一格的艺术效果。（图 920—921）朱漆贴金木雕重檐“熊梦呈祥”四柱架子床上，铁拐李的葫芦、拐杖和汉钟离的扇子都与飘忽的柔带构合在方形的适合纹样内，同样有着静中见动的图案美。（图 922—923）以及朱金木雕四檐垂柱围窗踏板六柱架子床的“暗八仙”纹样，两两系合的寓意形象被祥云中飘荡的绸带衬托得格外鲜明、突出。（图 924—927）

图 920 朱金木雕飞檐垂柱围窗画屏踏凳八字窗架子床 窗棂环板“暗八仙”纹之葫芦、花篮、剑、荷花

图 921 朱金木雕飞檐垂柱围窗画屏踏凳八字窗架子床 窗棂环板“暗八仙”纹之箫、扇、鱼鼓、玉板

图 922 朱漆贴金木雕重檐“熊梦呈祥”四柱架子床 挂落花板“暗八仙”纹之葫芦

图 923 朱漆贴金木雕重檐“熊梦呈祥”四柱架子床 挂落花板“暗八仙”纹之扇

图 924 朱金木雕四檐垂柱围窗踏板六柱架子床 檐条花板“暗八仙”纹之扇、葫芦

图 925 朱金木雕四檐垂柱围窗踏板六柱架子床 檐条花板“暗八仙”纹之剑、荷花

图 926 朱金木雕四檐垂柱围窗踏板六柱架子床 檐条花板“暗八仙”纹之箫、花篮

图 927 朱金木雕四檐垂柱围窗踏板六柱架子床 檐条花板“暗八仙”纹之鱼鼓、玉板

15.“八宝”纹

传统吉祥纹饰。寓意八宝的纹样常见的有：一为和合，二为鼓板，三龙门，四玉鱼，五仙鹤，六灵芝，七磬，八松。但也有用其他物件作为纹饰者，如珠、球、祥云、方胜、犀角、杯、书、画、红叶、艾叶、蕉叶、鼎、元宝、锭等，可随意选择八种，称为“八宝”纹。（图 928—933）佛教中还有“八吉祥”的符号：法螺、法轮、宝伞、白盖、莲花、宝瓶、金鱼、盘长。北京雍和宫法物说明册曰：法螺，佛说具菩萨果妙音吉祥之谓；法轮，佛说大法圆转万劫不息之谓；宝伞，佛说张弛自如曲覆众生之谓；白盖，佛说偏覆三千净一切药之谓；莲花，佛说出五浊世无所染着之谓；宝瓶，佛说福智圆满具完无漏之谓；金鱼，佛说坚固活泼解脱坏劫之谓；盘长，佛说回环贯彻一切通明之谓。俗称第八件盘长为八吉，所以也有用盘长代表八宝的。亦有用此八宝，作为佛家的符号，等等。道教八宝把八仙手持的八种器物作为符号，可参见“暗八仙”。

图 928 朱金木雕四檐垂柱围窗踏板六柱架子床 檐条花板“八宝”纹之犀角、宝瓶

图 929 朱金木雕四檐垂柱围窗踏板六柱架子床 檐条花板“八宝”纹之宝瓶

图 930 朱金木雕四檐垂柱围窗踏板六柱架子床 檐条花板“八宝”纹之和合

图 931 朱金木雕四檐垂柱围窗踏板六柱架子床 檐条花板“八宝”纹之如意、扇子、蝙蝠、狮子

图 932 朱金木雕四檐垂柱围窗踏板六柱架子床 檐条花板“八宝”纹之一

图 933 朱金木雕四檐垂柱围窗踏板六柱架子床 檐条花板“八宝”纹之二

16.“八吉”纹

外廓盘曲套接的一种几何图案。由模拟绳线编结而来。所谓“八吉”者，即是假借“八结”之声，象征“百结”，寓意源远流长。纹样是一条线的盘曲连接，无头无尾，无终无止，故又称为“盘长”或“盘肠”。（图 934—935）

图 934 朱漆贴金木雕飞鸟人物垂柱三檐拔步床 檐条板透雕“八吉”纹

图 935 朱漆贴金木雕重檐垂柱门围窗拔步床 檐条板雕刻贴金“八吉”纹

17. 方胜纹

两个菱形压角相叠形成的图案纹样。胜，原为古代神话中西王母所戴的发饰。《山海经》：“玉山，是西王母所居地。西王母其状如人，豹尾，虎齿，而善啸；蓬发，戴胜，是司天之厉及五残。”“西王母，梯几而戴胜杖。”司马相如《大人赋》：“低回阴山，翔以纡曲兮，吾乃今目睹西王母；矐然白首。戴胜而穴处兮，亦幸有三足乌为之使。”胜之形象，可见出土的汉代“玉胜”。古时胜被作为“祥瑞”之物。《宋书 · 符瑞志》载有“金胜”，所谓“国平盗贼，四夷宾服则出”。明清以来，方胜更是常见的吉祥图案之一，江南建筑和家具中都有用它作装饰的，朱金木雕架子床上也有这类纹饰的实例。（图 936）

图 936 朱金木雕飞檐垂柱围窗式八字门架子床 窗结“三联胜”图案

18.“吉庆有余”纹

传统吉祥纹样。纹饰以一儿童一手执戟，上挂有鱼，另一手携玉磬组成。“戟磬”谐音“吉庆”，“鱼”与“余”同音，“戟”“磬”“鱼”隐喻“吉庆有余”。亦有的在类如“八”字的磬形中作双鱼纹，取“磬”与“庆”、“鱼”与“余”同音的寓意。（图 937）

19.“火焰宝珠”纹

传统寓意纹样。又称“背光”。火焰，是佛教中佛法的象征。古代佛像背面多饰有各种火焰纹样，一般部位在尖拱额中。以北魏石窟佛像最为习见，构成其艺术的一大特色。河南洛阳石窟表现这类纹样尤为细致，以宾阳洞、古阳龛为代表。在朱金木雕架子床的飞檐中央或一些双龙纹饰中，常装饰火焰宝珠图案，有火焰与宝珠组合在一起，法光磊落，珠光宝气，灿烂瑰丽，蕴含着更加丰富的吉祥寓意。（图 938—944）

图 937 朱漆贴金木雕飞檐“三星高照”围屏踏步床 门窗雕刻“吉庆有余”纹

图 938 朱金木雕飞檐落地罩四柱架子床 飞檐透雕“火焰宝珠”纹

图 939 朱金木雕飞檐八字门式四柱架子床 飞檐透雕“火焰宝珠”纹

图 940　朱金木雕飞檐落地罩八字门四柱架子床　檐顶“火焰宝珠”纹

图 941　朱金漆木雕飞檐垂柱双匾落地罩八字门式架子床　檐顶“寿珠”纹

图 942　朱金木雕金龙飞檐垂柱四柱架子床　檐顶“火焰宝珠”纹

图 943　朱金木雕飞檐垂柱“玉燕投怀”四柱架子床　檐顶“祥云宝珠”纹

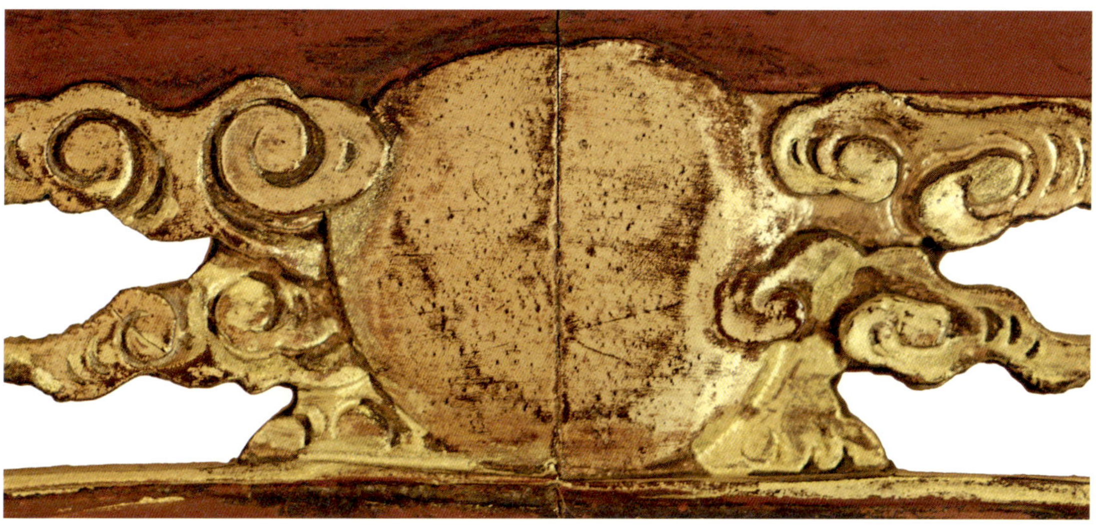

图 944　朱漆贴金木雕飞鸟人物垂柱四重檐饰双凤拔步床　檐顶“宝珠”纹

20.“一根藤”纹

“一根藤”，又称“拷头”“和合藤”“万年藤”。它是由许多小木条，通过卯榫拼接、回环穿插，盘曲成首尾相连的透空图案纹样，其造型酷似生生不息、连绵不断的山间野藤，因而得名。常用于家具中的床围、挂檐、窗棂装饰，迂回连续的纹样寓意“连绵不断，子孙万代”。“一根藤”的制作方法还被称为“软藤拷条”“扯不断”，它的核心技艺就是多样化的榫卯结构。有夹角榫、半夹角榫、方夹角榫、平肩榫等二十余种。除了榫卯结构的变化多样，“一根藤”还需要经过设计、取材、落墨等二十六道工序，方能成为完整的作品，可见其工艺不仅费力费时，且要求之高非一般木匠所能达到。（图 945—947）但根据装饰部件不同，也有采用木板拉空雕制而成的。（图 948—949）

在朱金木雕飞檐垂柱围窗画屏八字门式踏凳四柱架子床、朱金木雕龙门飞檐垂柱落地门罩四柱架子床的牙板和其他部件上，有采用实地浅雕的“扯不断”纹饰，虽工艺手法和表现效果不同，但寓意内容相同。这一民族装饰艺术形式，也再次充分展示了我国传统纹样鲜明的风格和特色。（图 950—951）

图 945 朱金木雕飘檐垂柱式六柱架子床 挂落“一根藤”

图 946 朱漆贴金木雕重檐双匾四柱架子床 檐牙板“一根藤”

图 947 朱金木雕飞檐垂柱式四柱架子床 檐牙板“一根藤”

21. 回纹

回纹是由陶器和青铜器上的雷纹衍化而来的几何纹样。寓意深长，江南民间称之为“富贵不断头”。回纹图案在明清的织绣、地毯、木雕、瓷器和建筑装饰上到处可见，主要用于边饰纹样或底纹，具有整齐划一而丰富主题的效果。底纹大多以四方连续组合的形式来构成回纹，俗称为“锦纹”，因在织锦中是常见的底纹样。朱漆金彩木雕三重檐飞鸟垂柱围窗拔步床的花板中也见有回纹实例。（图 952）

图 948　朱金木雕飞檐垂柱式四柱架子床 檐牙板“一根藤”

图 949　朱漆木雕飞檐垂柱画屏八字门式架子床 门窗牙条“一根藤”

图 950　朱金木雕飞檐垂柱围窗画屏八字门式踏凳四柱架子床 牙板实地浅雕“一根藤”

图 951　朱金木雕龙门飞檐垂柱落地门罩四柱架子床 牙板实地浅雕“一根藤”

图 952　朱漆金彩木雕三重檐飞鸟垂柱围窗拔步床 门窗图案边饰回纹

22. 卍纹

古代的一种符咒、护符或宗教标志。通常被认为是太阳或火的象征。婆罗门教、佛教、耆那教等均使用。在梵文中，卐字被称为 Srivatsa（室利靺蹉），意为“吉祥之所集”。佛教认为它是释迦牟尼胸部所现的瑞相，用作“万德”吉祥的标志。唐武则天大周长寿二年（693），制定此字读为“万”。在佛经中，卐字亦写作卍字以作标志。卍纹其实早在我国新石器时代马家窑文化马家窑 T 形的彩陶上就被作为装饰纹样，画法多样。卍纹作为一种祥瑞标记，在历代工艺装饰上多有应用，并组成各种图案。藏品朱漆贴金木雕重檐“熊梦呈祥”四柱架子床、朱漆金彩木雕三重檐飞鸟垂柱围窗拔步床等的各类部件上，都有规整而又不失变化的卍纹装饰图案。（图 953—955）

（十六）博古纹样

北宋大观中，徽宗命宰相王黼等编绘宣和殿所藏古器，成《宣和博古图》三十卷。后人将图绘瓷、铜、玉石等各种古器物的画，叫作“博古”。常在画中添加花卉、果品等内容，纹样寓意清雅高洁，文化内涵丰富，明清时期得到广泛的传播。博古纹也是朱金木雕架子床、拔步床上应用较多的装饰花纹图案之一。由于纹样构成组合的题材灵活，故图案变化多样，形式特点鲜明。（图 956—966）

图 953　朱漆贴金木雕重檐“熊梦呈祥”四柱架子床 门窗图案边饰卍纹

图 954　朱漆金彩木雕三重檐飞鸟垂柱围窗拔步床 门窗图案边饰卍纹

图 955　朱金木雕飞檐书画围窗百子床 挂匾角饰卍纹

图 956 朱金木雕四檐垂花柱围窗踏板架子床 檐板博古纹

图 957 朱漆贴金木雕飞鸟人物垂柱四檐“鸾凤和鸣”拔步床 檐板博古纹

图 958 朱漆木嵌框景立檐式垂柱八字门式架子床 腰板博古纹

图 959 朱金木雕花篮头垂柱式四柱架子床 横额花板博古纹之一

图 960 朱金木雕花篮头垂柱式四柱架子床 横额花板博古纹之二

图 961 朱漆贴金木雕四柱架子床 横额花板博古纹之一

图 962 朱漆贴金木雕四柱架子床 横额花板博古纹之二

图 963 朱金木雕飞檐垂柱围窗画屏八字门式踏凳四柱架子床 窗绦环板博古纹之一

图 964 朱金木雕飞檐垂柱围窗画屏八字门式踏凳四柱架子床 窗绦环板博古纹之二

图 965 朱金木雕飞檐垂柱式四柱架子床 横额花板博古纹之一

图 966 朱金木雕飞檐垂柱式四柱架子床 横额花板博古纹之二

（十七）卷草纹样

卷草纹属缠枝纹样的一种，是常见而简明流畅的传统吉祥纹样，又名“万寿藤”，是以常青藤、扶芳藤、紫藤、金银花、爬山虎、凌霄、葡萄等藤蔓植物为骨架，向上下、左右延伸，形成波线式的二方连续循环往复的图案，变化无穷。因其结构连绵不断，蜿蜒多姿，富有动感，优美生动，有“生生不息”“万代绵长”之意。缠枝纹在战国、汉代已出现，南北朝和隋唐开始盛行，宋元和明清时期常有应用。朱金木雕架子床上将卷草纹用作装饰花板，且多运用透空雕刻，有些中心饰小花，左右对称，动中有静，还有的镶嵌着珠宝，装饰效果显得十分别致。（图 967—973）

图 967 朱漆彩金漆木雕四檐飞鸟垂柱围窗式踏板六柱架子床 檐条牙板卷草纹之一

图 968 朱漆彩金漆木雕四檐飞鸟垂柱围窗式踏板六柱架子床 檐条牙板卷草纹之二

图 969 朱漆彩金漆木雕四檐飞鸟垂柱围窗式踏板六柱架子床 檐条板卷草纹

图 970 朱漆贴金木雕三檐飞鸟人物垂柱拔步床 门窗绦环板卷草纹

图 971 朱漆金彩嵌宝珠垂柱围窗重檐拔步床 檐花板嵌宝珠卷草纹

图 972 朱漆金彩木雕三重檐飞鸟垂柱围窗式拔步床 檐条板卷草纹

图 973 朱金木雕飞檐四柱架子床 檐条板卷草纹

（十八）对称纹样

对称纹样是指左右或上下相反相成的一种花纹图案。中国传统家具的形体，几乎都系左右对称的造型样式，这是符合人体基本功能要求和造物审美观念的民族形式特征。因此，在家具的许多结构和装饰部件上采用平稳、端庄对称式的图案花纹，更进一步地体现了我国家具装饰艺术的风格特点。在各类朱金木雕架子床的收藏品中，工匠们以各种各样的题材，通过匠心独运的设计，结合高超精湛的工艺，创造出了大量优秀完美的对称纹样艺术作品，为我国装饰艺术的宝库增添了一份极其珍贵的历史文化遗产。（图 974—999）

图 974　朱金木雕四檐飞鸟垂柱围窗踏板式六柱架子床 檐条花板对称纹样之一

图 975　朱金木雕四檐飞鸟垂柱围窗踏板式六柱架子床 檐条花板对称纹样之二

图 976　朱金木雕飞檐长窗罩四柱架子床门窗绦环板对称纹样

图 977　朱金木雕狮宫飞檐四柱架子床脚牙对称纹样

图 978　朱漆贴金木雕立檐围窗拔步床檐条花板对称纹样

图 979　朱金木雕立檐垂柱落地圆光罩八字门式四柱架子床 牙板对称纹样

图 980　朱金木雕四檐垂柱围窗踏板式六柱架子床 门窗牙板对称纹样

图 981 朱漆贴金木雕飞鸟人物垂柱三檐拔步床 门窗牙板对称纹样

图 982 朱漆贴金木雕立檐围窗拔步床门窗牙板对称纹样

图 983 朱漆木雕书文框景立檐垂柱式金联四柱架子床 牙板对称纹样

图 984 朱金木雕飞檐八字门式四柱架子床 垂柱挂条对称纹样

图 985 朱金木雕飞檐垂柱式四柱架子床 牙板对称纹样

图 986 朱金木雕飞檐垂柱式四柱架子床 束腰花板适合对称纹样

图 987 朱金木雕飞檐垂柱“熊罴入梦”八字门式四柱架子床 梃沿板适合对称纹样

图 988 朱金木雕龙亭飞檐四柱架子床牙板对称纹样

图 989 朱漆嵌螺钿雕书画飞檐垂柱圆洞门八字窗四柱架子床 梃沿板对称纹样

图 992 朱漆金彩木雕三檐八字门架子床 挺沿板对称纹样

图 993 朱漆木嵌框景立檐式垂柱架子床 檐条花板对称纹样

图 994 朱金木雕飞檐门罩式四柱架子床 挺沿板对称纹样

图 995 朱漆贴金木雕立檐围窗拔步床 立檐中心透雕花板对称纹样

图 996 朱金木雕重檐八字门式四柱架子床 对称纹样

图 997 朱漆贴金木雕飞鸟人物垂柱四重檐饰双凤拔步床 檐条板对称纹样

图 998 朱金木雕飞檐八字门式四柱架子床 对称纹样

图 999 朱漆飞檐垂柱书画四柱架子床 牙板对称纹样

图 990 朱金木雕景框式立檐垂柱围栏八字窗架子床 窗棂对称纹样

图 991 朱金木雕飞檐垂柱式四柱架子床 窗棂对称纹样

（十九）文字纹样

采用文字字形变化产生的图形，或文字与其他纹饰组合，突出文字寓意而构成的图案纹样。文字纹含义清晰直观，有着别具一格的艺术效果和装饰形象。

1. 福字纹

福字纹是古代中国传统纹饰之一，是文字纹的一种。古人常将“福”字加以图案化，施用于瓷器、家具、木雕品之上作为装饰，寄寓求福、美好幸福之意。朱金木雕飞檐嵌宝珠四柱架子床的飞檐中央，实地浅雕双龙捧珠，中心草书的“福”字与左右两草龙的形体相互呼应，朱漆红底中的“福”字显得格外引人注目，大有寓“洪福齐天”之意，也是匠心独运的设计体现。（图 1000）

2. 寿字纹

寿字纹，是将寿字变形后符号化、艺术化、图案化的一种传统吉祥纹样。寿的深意是生命的永久，也是人们的期盼。通过丰富的想象和设计，“寿”字以圆形对称式的图案较常见，寓意寿岁圆满，称之为团寿纹。也有以长方形的“寿”字图案构成长寿纹，示意人寿长长久久。或增长“寿”字两边或四边笔画的变化，寓意增寿长寿。“福”与蝙蝠的“蝠”谐音，故“寿”又与蝙蝠纹组合在一起，构成福寿纹，若五只蝙蝠朝中央“寿”字聚合，则民间称之为“五福捧寿”图案。这里我们从朱金木雕架子床等的寿字纹中选录四例，就足以看到文字纹装饰形态的意味和魅力。（图 1001—1004）

3. 囍字纹

也写作“双禧”。“禧”字原是福或喜神之意，和“喜”表示高兴的含义时有几分不同，但写成“双禧”则和“双喜”一词意思相同。“喜”“禧”“囍”被民间广泛用来作为一种装饰图案花纹，如用文字组成的“囍”图案，俗称“字花”，是一种古老的喜庆符号，有双喜临门的美好意义，也是对婚姻美满的祈盼。故作为婚床的各类朱金木雕架子床，常用双喜纹来装饰，“囍”醒目吉祥，是民间喜庆活动最动人心弦的形象标志。（图 1005—1006）

图 1000　朱金木雕飞檐嵌宝珠四柱架子床 飞檐图案福字纹

图 1001　朱金木雕飞檐“百子富贵”四柱架子床 飞檐图案寿字纹

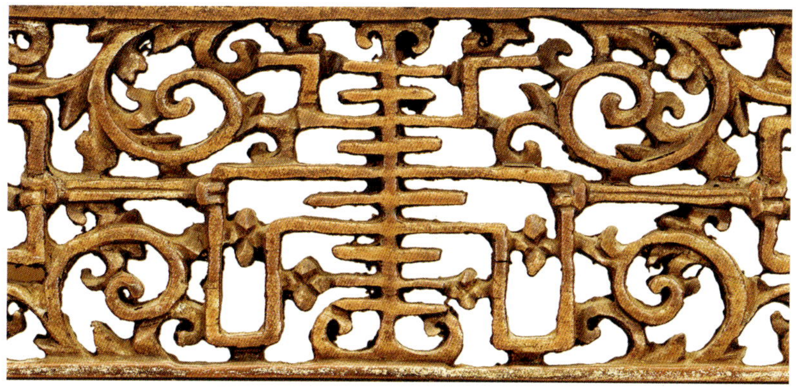

图 1002　朱漆贴金木雕人物狮子垂柱四檐围窗拔步床 门窗绦环花板寿字纹

图 1003　朱金木雕立檐八字门式架子床 檐条花板寿字纹之一

图 1004　朱金木雕立檐八字门式架子床 檐条花板寿字纹之二

图 1005　朱漆金彩木雕重檐四柱架子床 飞檐图案囍字纹

图 1006　朱金木雕飞檐书画围窗八字门式四柱架子床 围窗横板囍字纹

责任编辑：於　琛
责任校对：高余朵
责任印制：陈震宇

特约编辑：左亚琳
装帧设计：沈钰浩

主编　濮安国
编委（以姓氏笔画为序）
吕天喜　吕小静　朱亚东　吴腾飞　蔡跃飞　濮安国

图书在版编目（CIP）数据
中国床 ： 天喜珍藏百床鉴赏 / 濮安国编著 . 杭州 ： 浙江摄影出版社， 2025. 5. -- ISBN 978-7-5514-5387-5
Ⅰ . TS665.1
中国国家版本馆 CIP 数据核字第 2025S7K461 号

ZHONGGUO CHUANG: TIANXI ZHENCANG BAICHUANG JIANSHANG
中国床：天喜珍藏百床鉴赏
濮安国　编著

全国百佳图书出版单位
浙江摄影出版社出版发行
地址：杭州市环城北路 177 号
邮编：310005
电话：0571-85151082
网址：www.photo.zjcb.com
制版：杭州未来海岸文化传播有限公司
印刷：浙江海虹彩色印务有限公司
开本：635mm × 965mm　1/8
印张：38.5
字数：310 千
印数：0001—5800
2025 年 5 月第 1 版　　2025 年 5 月第 1 次印刷
ISBN 978-7-5514-5387-5
定价：380.00 元